Merkregeln Mathe
für die Grundschule

von Christiane Krapp
mit Illustrationen von Sven Palmowski

ENSSLIN

Inhalt

Inhalt

Ziffern und Zahlen/Gerade und ungerade Zahlen

Zahlen sind Schriftzeichen, mit denen wir Mengen bestimmen und benennen. Zahlen werden aus unseren Ziffern gebildet.

Dies sind unsere Ziffern:

0	null	
1	eins	•
2	zwei	••
3	drei	•••
4	vier	••••
5	fünf	•••••
6	sechs	••••• •
7	sieben	••••• ••
8	acht	••••• •••
9	neun	••••• ••••

Die Ziffern sind zugleich Einerzahlen. Werden Ziffern miteinander kombiniert, so entstehen unendlich viele neue Zahlen.

Um die Zahlen zu ordnen, gibt es ein System: das **Dezimalsystem**. Die Zahl 10 ist darin besonders bedeutsam, denn unsere Zahlen werden in Zehnerbündeln geordnet.

Wir können unsere Zahlen in zwei Gruppen einteilen: gerade Zahlen und ungerade Zahlen.

Eine Zahl ist dann eine **gerade Zahl**, wenn sich ihre Menge in zwei gleich große Teile teilen lässt.

Kann man die Menge einer Zahl nicht in zwei gleich große Teile teilen, handelt es sich um eine **ungerade Zahl**.

Mit den Zahlen erfassen und benennen wir Mengen. Außerdem können wir mit den Zahlen arbeiten, das heißt: Wir rechnen.

Beim Rechnen wenden wir vier verschiedene Rechenarten an. Welche Rechenart geeignet ist, hängt davon ab, was wir durch die Lösung der Aufgabe erfahren:

(+) **Das Plusrechnen / die Addition**
Wir errechnen die Größe einer *Gesamtmenge*.

(−) **Das Minusrechnen / die Subtraktion**
Wir ziehen von einer Menge einen Teil ab und errechnen die *Restmenge*.

(·) **Das Malnehmen / die Multiplikation**
Wir errechnen die *Gesamtmenge mehrerer gleich großer Teilmengen*.

(:) **Das Teilen / die Division**
Wir errechnen die *Größe eines Anteils* bei gleichmäßiger Verteilung einer Gesamtmenge.

Dies sind die vier Grundrechenarten.

Beim Plusrechnen werden zwei oder mehr Einzelmengen zu einer Gesamtmenge vereint.

Das Rechenzeichen für das Verbinden der Mengen sieht so aus: (+). Es heißt: **plus**.

Die Rechenaufgabe lautet:

3	+	2	=	5
drei	**plus**	zwei	gleich	fünf

Diese Rechenart nennt man auch **Addition**.
Bei der Addition wird addiert, also zusammengezählt.

Wir können uns das Lösen von Plusaufgaben erleichtern:

Tauschaufgaben bilden

Die Plätze der beiden Zahlen, die addiert werden sollen, können vertauscht werden.

So bilden wir die **Tauschaufgabe**:

Beim Plusrechnen mit Zehnerüberschreitung rechnen wir in drei Schritten:

8	+	7	=	15

1. Schritt	8 +	2 + 5		
2. Schritt	8 +	2	= 10	
3. Schritt	10 +	5	=	15

1. Schritt
Die zweite Zahl (hellgrün) wird in zwei Teile zerlegt: Ein Teil davon ist nur so groß, dass er mit der ersten Zahl (hellblau) gemeinsam zum nächsten Zehner gelangt.

2. Schritt
Zu der ersten Zahl wird dieser Teil der zweiten Zahl hinzugerechnet.

3. Schritt
Der zweite Teil der zweiten Zahl wird nun zu dem Zehnerbündel hinzugezählt.

Plusaufgaben mit Zehnerüberschreitung

Finde die Lösungen zu den folgenden Plusaufgaben.
Trage die beiden Zahlen, in welche die zweite Zahl zerlegt werden muss, in das hellblaue und das orangefarbene Kästchen ein und rechne dann.

Aufgabe	hellblau	orange	Ergebnis	Rechnung
9 + 2 =	1	1	11	9 + 1 + 1 = 11
8 + 3 =				
7 + 4 =				
6 + 5 =				
7 + 6 =				
8 + 7 =				
9 + 8 =				
8 + 9 =				
7 + 5 =				

1. Rechne die folgenden Plusaufgaben aus.
2. Bilde anschließend zu jeder Aufgabe die passende Tauschaufgabe und rechne erneut.
3. Macht die Tauschaufgabe das Rechnen leichter? Kreuze nur die Aufgaben an, bei denen dir das Rechnen der Tauschaufgabe leichter fiel.

○ 9 + 4 =

○ 7 + 9 =

○ 3 + 8 =

○ 7 + 4 =

○ 2 + 9 =

○ 6 + 8 =

○ 5 + 7 =

○ 8 + 7 =

○ 9 + 8 =

Im Zahlenraum bis 100 können wir durch das Plusrechnen die Gesamtmenge aus zwei oder mehr Mengen errechnen. Wir finden so die gesamte Menge aller Zehner (Z) und Einer (E).

1. Rechne zuerst zu der ersten Zahl nur die Zehner der zweiten Zahl hinzu.
2. Rechne nun die Einermenge der zweiten Zahl zu diesem Ergebnis dazu.

ZE ZE ZE

59 + 28 = 87   59 + 20 = 79   79 + 8 = 87

Plusrechnen von Zehnerzahlen

ZE ZE ZE

10 + 30 = 40

Plusrechnen von zweistelligen und einstelligen Zahlen ohne Zehnerüberschreitung

ZE ZE ZE

22 + 5 = 27

Plusrechnen von zweistelligen und einstelligen Zahlen mit Zehnerüberschreitung

ZE ZE ZE

25 + 8 = 33   25 + 5 + 3 = 33

Plusrechnen von zweistelligen Zahlen mit Zehnerüberschreitung

ZE ZE ZE

25 + 39 = 64   25 + 30 = 55   55 + 9 = 64

Rechne nun die folgenden Aufgaben aus.

Trage zuerst dein Ergebnis in die fliederfarbenen Kästchen ein. Suche danach deine Lösungszahl im Tresor. Streiche sie dort durch.

ZE	ZE	Z E	ZE	ZE	Z E
20 + 20 =			40 + 30 =		
50 + 40 =			10 + 80 =		
60 + 30 =			70 + 20 =		
31 + 7 =			53 + 4 =		
45 + 3 =			81 + 6 =		
63 + 6 =			74 + 5 =		
27 + 13 =			38 + 22 =		
33 + 33 =			61 + 34 =		
19 + 54 =			48 + 23 =		

Beim Minusrechnen werden von einer vorhandenen Menge Teilmengen abgezogen, um die Größe der restlichen Menge zu erfahren.

Das Rechenzeichen für das Abziehen von Teilmengen sieht so aus: (–). Es heißt: **minus**.

Die Rechenaufgabe lautet:

3	–	2	=	1
drei	**minus**	zwei	gleich	eins

Diese Rechenart nennt man auch **Subtraktion**.
Bei der Subtraktion wird subtrahiert, also abgezogen.

Auch beim Minusrechnen gibt es Tricks, um die Lösung schnell zu finden.

Beim Minusrechnen mit Zehnerüberschreitung wird in drei Schritten gerechnet:

	12	−	7	= 5
1. Schritt	12	−	2 − 5	= 5
2. Schritt	12	−	2	= 10
3. Schritt	10	−	5	= 5

1. Schritt
Die zweite Zahl (pink) wird in zwei Teile zerlegt:
Ein Teil davon ist nur so groß wie der Teil der ersten Zahl (hellblau), der über den vollen Zehner hinausgeht.

2. Schritt
Diese Teilmenge wird von der ersten Zahl abgezogen.

3. Schritt
Der zweite Teil der zweiten Zahl wird nun noch von dieser Zehnerzahl abgezogen.

Minusaufgaben mit Zehnerüberschreitung

Finde die Lösungen zu den folgenden Minusaufgaben.
Trage die beiden Zahlen, in welche die zweite Zahl zerlegt werden muss, in das lila- und das türkisfarbene Kästchen ein und rechne dann.

18 - 9 = 8 | 1	9	18 – 8 – 1 = 9
17 - 8 =		
16 - 7 =		
15 - 6 =		
14 - 9 =		
13 - 8 =		
11 - 7 =		
17 - 9 =		
16 - 8 =		

Im Zahlenraum bis 100 können wir von einer größeren Gesamtmenge kleinere einstellige oder zweistellige Mengen abziehen. So finden wir durch das Minusrechnen die Restmenge heraus.

1. Ziehe die Zehnermenge der zweiten Zahl von der ersten Zahl ab.
2. Ziehe nun die Einermenge der zweiten Zahl von diesem Ergebnis ab.

ZE ZE ZE
68 - 39 = 29   68 - 30 = 38   38 - 9 = 29

Minusrechnen von Zehnerzahlen

ZE ZE ZE
70 - 20 = 50

Minusrechnen von zweistelligen und einstelligen Zahlen ohne Zehnerüberschreitung

ZE ZE ZE
55 - 4 = 51

Minusrechnen von zweistelligen Zahlen ohne Zehnerüberschreitung

ZE ZE ZE
75 - 24 = 51

Minusrechnen von zweistelligen Zahlen mit Zehnerüberschreitung

ZE ZE ZE
75 - 58 = 17   75 - 50 = 25   25 - 8 = 17

Minusaufgaben bis 100

Rechne die folgenden Aufgaben aus und trage das Ergebnis in die Kästchen ein. Kreuze danach alle sechs Lösungszahlen auf jedem Glücksbringer-Spielschein an.

ZE ZE ZE

90 - 80 = ☐

40 - 20 = ☐

46 - 3 = ☐

24 - 6 = ☐

98 - 57 = ☐

74 - 36 = ☐

1	2	3	4	5
6	7	8	9	10
11	12	13	14	15
16	17	18	19	20
21	22	23	24	25
26	27	28	29	30
31	32	33	34	35
36	37	38	39	40
41	42	43	44	45
46	47	48	49	50

ZE ZE ZE

70 - 30 = ☐

80 - 50 = ☐

33 - 2 = ☐

54 - 8 = ☐

63 - 44 = ☐

81 - 56 = ☐

1	2	3	4	5
6	7	8	9	10
11	12	13	14	15
16	17	18	19	20
21	22	23	24	25
26	27	28	29	30
31	32	33	34	35
36	37	38	39	40
41	42	43	44	45
46	47	48	49	50

1	2	3	4	5	6	7	8	9	10
11	12	13	14	15	16	17	18	19	20
21	22	23	24	25	26	27	28	29	30
31	32	33	34	35	36	37	38	39	40
41	42	43	44	45	46	47	48	49	50
51	52	53	54	55	56	57	58	59	60
61	62	63	64	65	66	67	68	69	70
71	72	73	74	75	76	77	78	79	80
81	82	83	84	85	86	87	88	89	90
91	92	93	94	95	96	97	98	99	100

Vorgänger und Nachfolger finden

Die Hundertertafel zeigt alle Zahlen von 1 bis 100 in der richtigen Reihenfolge. Jede Zahl ist umgeben von anderen Zahlen – es gibt also **Vorgänger** und **Nachfolger**.

Beantworte die folgenden Fragen:

- Welche Zahl hat dort keinen Vorgänger? ________
- Welche Zahl hat dort keinen Nachfolger? ________
- Wie heißt die kleinste Zehnerzahl? ________
- Wie viele Zehnerzahlen gibt es? ________
- Wie heißt der Vorgänger von 44? ________
- Wie heißt der Nachfolger von 97? ________
- Wie heißt der Vorgänger von 11? ________
- Der Vorgänger heißt 31.
  Wie heißt die gesuchte Zahl? ________
- Der Nachfolger heißt 84.
  Wie heißt die gesuchte Zahl? ________
- Wie viele Einerzahlen gibt es? ________
- Welche Zahlen umgeben die Zahl 55? ________

Soll die gleiche Menge mehrmals addiert werden, so gibt es einen Rechenweg, mit dem wir besonders schnell zum Ergebnis gelangen: das Malnehmen.

Eine lange Plusaufgabe wird beim Malnehmen in eine kurze Malaufgabe verwandelt.

Das Rechenzeichen für das Malnehmen sieht so aus: $\cdot$. Es heißt: **mal**.

Heißt die Plusaufgabe:

$$1 + 1 + 1 + 1 + 1 = 5,$$

so lautet die Aufgabe als Malaufgabe:

5	·	1	=	5
fünf	**mal**	eins	gleich	fünf

Diese Rechenart nennt man auch **Multiplikation**. Bei der Multiplikation wird multipliziert, also malgenommen.

Auch beim Malnehmen können wir **Tauschaufgaben** bilden, um das Rechnen zu erleichtern.

$$6 \cdot 9 = 54$$
$$9 \cdot 6 = 54$$

Aus einer Malaufgabe können wir außerdem eine **Umkehraufgabe** bilden, indem wir die Plätze der Zahlen und das Rechenzeichen verändern:

$$9 \cdot 6 = 54 \qquad 54 : 6 = 9$$

Wir können die Zahlen von 1 bis 10 mit den Zahlen von 1 bis 10 malnehmen. Die Lösungszahlen bilden eine Zahlenreihe. So errechnen wir zu jeder Einerzahl eine Reihe von Lösungszahlen, die wir Einmaleinsreihe nennen. Diese Einmaleinsreihen heißen:

kleines Einmaleins.

Die Einmaleinsreihe der 1

1	$1 \cdot 1 = 1$
1 + 1	$2 \cdot 1 = 2$
1 + 1 + 1	$3 \cdot 1 = 3$
1 + 1 + 1 + 1	$4 \cdot 1 = 4$
1 + 1 + 1 + 1 + 1	$5 \cdot 1 = 5$
1 + 1 + 1 + 1 + 1 + 1	$6 \cdot 1 = 6$
1 + 1 + 1 + 1 + 1 + 1 + 1	$7 \cdot 1 = 7$
1 + 1 + 1 + 1 + 1 + 1 + 1 + 1	$8 \cdot 1 = 8$
1 + 1 + 1 + 1 + 1 + 1 + 1 + 1 + 1	$9 \cdot 1 = 9$
1 + 1 + 1 + 1 + 1 + 1 + 1 + 1 + 1+ 1	$10 \cdot 1 = 10$

Die Zahlenreihen des kleinen Einmaleins

·	1	2	3	4	5	6	7	8	9	10
1	1	2	3	4	5	6	7	8	9	10
2	2	4	6	8	10	12	14	16	18	20
3	3	6	9	12	15	18	21	24	27	30
4	4	8	12	16	20	24	28	32	36	40
5	5	10	15	20	25	30	35	40	45	50
6	6	12	18	24	30	36	42	48	54	60
7	7	14	21	28	35	42	49	56	63	70
8	8	16	24	32	40	48	56	64	72	80
9	9	18	27	36	45	54	63	72	81	90
10	10	20	30	40	50	60	70	80	90	100

a) Zu welcher Zahlenreihe gehören diese Zahlen?
Kreuze an.

45 10 50 25 30 5 20 35 15 40

Zahlenreihe: 10 ☐ 5 ☐ 2 ☐

18 6 54 24 30 60 48 12 36 42

Zahlenreihe: 3 ☐ 6 ☐ 9 ☐

32 40 8 56 24 64 16 72 48 80

Zahlenreihe: 2 ☐ 4 ☐ 8 ☐

b) Welche Zahl passt nicht in die Reihe? Kreise ein.

28 63 14 42 70 7 56 35 49 21 13

27 18 63 90 72 36 54 81 45 14 9

21 12 27 9 16 24 6 30 15 3 18

c) Trage die Zahlen der angegebenen Einmaleinsreihen ein:

2: 2 4 ___ ___ ___ ___ ___ ___ ___ ___

4: ___ ___ ___ ___ ___ ___ ___ ___ ___ ___

6: ___ ___ ___ ___ ___ ___ ___ ___ ___ ___

d) Finde alle Malaufgaben des kleinen Einmaleins zu den folgenden Ergebniszahlen.

12 =	__ · __	__ · __	__ · __	__ · __
16 =	__ · __	__ · __	__ · __	
18 =	__ · __	__ · __	__ · __	__ · __
20 =	__ · __	__ · __	__ · __	__ · __
24 =	__ · __	__ · __	__ · __	__ · __
36 =	__ · __	__ · __	__ · __	
48 =	__ · __	__ · __		
54 =	__ · __	__ · __		
56 =	__ · __	__ · __		

e) Finde die Aufgabe aus dem Einmaleins der 1 und aus dem Einmaleins der 10, bei der das Ergebnis gleich ist.

____

Beim Malnehmen mehrstelliger Zahlen rechnen wir schriftlich oder halbschriftlich.

Halbschriftliches Malnehmen

	452 · 5 = 2260
1. Einerzahl malnehmen	2 · 5 = 10
2. Zehnerzahl malnehmen	50 · 5 = 250
3. Hunderterzahl malnehmen	400 · 5 = 2000
4. Ergebnisse addieren	2260

Löse nun die folgenden Aufgaben.

365 · 7 =

511 · 9 =

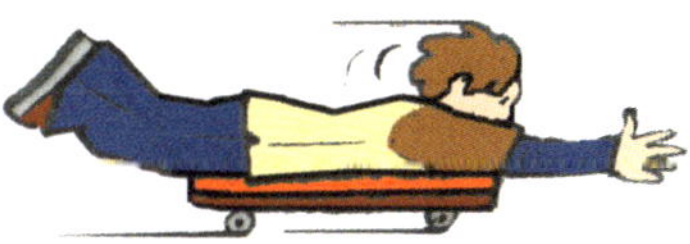

498 · 6 =

655 · 8 =

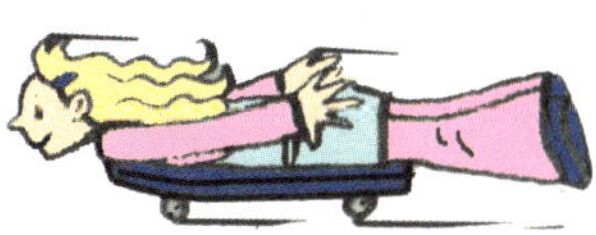

Soll eine Gesamtmenge gleichmäßig verteilt werden, so muss man sie aufteilen. Mit dem Teilen wird die Größe eines Teilstückes errechnet.

Das Rechenzeichen für das Teilen sieht so aus: (:).
Es heißt: **geteilt durch**.

Die Rechenaufgabe lautet:

12	:	6	=	2
zwölf	**geteilt durch**	sechs	gleich	zwei

Diese Rechenart nennt man auch **Division**. Bei der Division wird dividiert, also geteilt.

Teilen als umgekehrte Malaufgabe

Eine Geteiltaufgabe ist nichts anderes als eine umgekehrte Malaufgabe. Dabei verändern sich nur die Plätze der Zahlen und das Rechenzeichen.

$$21 : 7 = 3$$
$$3 \cdot 7 = 21$$

So können wir mit Mal- und Geteiltaufgaben **Umkehraufgaben** bilden.

Rechne die Aufgaben aus und finde die passende Umkehraufgabe. Verbinde.

5 · 6 = 30	35 : 5 =
7 · 7 =	30 : 6 = 5
7 · 5 =	49 : 7 =
3 · 8 =	54 : 6 =
9 · 6 =	24 : 8 =

72 : 8 =	8 · 3 =
48 : 6 =	9 · 8 =
36 : 4 =	9 · 9 =
24 : 3 =	8 · 6 =
81 : 9 =	9 · 4 =

Finde zu jeder Zahl …

… eine Malaufgabe:	… eine Geteiltaufgabe:
27 = ____ · ____	27 : ____ = ____
64 = ____ · ____	64 : ____ = ____
56 = ____ · ____	56 : ____ = ____
63 = ____ · ____	63 : ____ = ____
45 = ____ · ____	45 : ____ = ____
42 = ____ · ____	42 : ____ = ____

Halbschriftliches Teilen

Lässt sich eine Geteiltaufgabe nicht durch Kopfrechnen lösen, können wir halbschriftlich oder schriftlich teilen.

Halbschriftliches Teilen	
	56 : 4 = 14
1. Teile die Menge, die du aus dem kleinen Einmaleins kennst, durch den Teiler:	40 : 4 = 10
2. Teile dann die restliche Menge durch den Teiler:	16 : 4 = 4
3. Addiere die Ergebnisse:	14

Löse die folgenden Aufgaben halbschriftlich:

- 84 : 6 =
  60 : 6 = 10
  24 : 6 = 4 (+)
- 95 : 5 =
- 91 : 7 =
- 96 : 8 =
- 117 : 9 =

Bevor wir mit dem Teilen einer Zahl beginnen, können wir mithilfe der Teilbarkeitsregeln feststellen, ob sich diese Zahl durch bestimmte Zahlen teilen lässt.

Jede Zahl ist durch sich selbst teilbar.

Jede Zahl kann durch 1 geteilt werden.

Eine Zahl ist teilbar durch ...

2 → wenn ihre letzte Ziffer eine gerade Zahl ist.

3 → wenn ihre Quersumme durch 3 teilbar ist.

4 → wenn die letzten beiden Ziffern 00 heißen oder durch 4 teilbar sind.

5 → wenn die letzte Ziffer eine 5 oder eine 0 ist.

6 → wenn sie sich sowohl durch 2 als auch durch 3 teilen lässt.

8 → wenn die letzten drei Ziffern durch 8 teilbar sind.

9 → wenn die Quersumme durch 9 teilbar ist.

10 → wenn die letzte Ziffer eine 0 ist.

Das Geld, mit dem wir in Deutschland und in vielen anderen Ländern Europas bezahlen, heißt Euro.
Das ist unsere Währung.

Das Zeichen für Euro sieht so aus: €

Mit diesen Euromünzen oder Euroscheinen kannst du schon rechnen:

ein Euro

zwei Euro

fünf Euro

zehn Euro

zwanzig Euro

fünfzig Euro

einhundert Euro

Ein Euro kann in 100 Cent (ct) zerlegt werden.
Dafür gibt es verschiedene Münzen:

ein Cent

zwei Cent

fünf Cent

zehn Cent

zwanzig Cent

fünfzig Cent

Löse die folgenden Aufgaben.

a) Trage das Zeichen für: größer als > oder
kleiner als < ein.

- Was ist größer?

50 €	☐	70 ct	2 ct	☐	2 €
10 ct	☐	1 €	30 €	☐	100 ct
43 €	☐	34 ct	58 ct	☐	5 €

- Was ist kleiner?

25 €	☐	35 ct	1 ct	☐	1 €
5 ct	☐	50 ct	15 €	☐	50 ct
21 €	☐	17 €	29 €	☐	3 ct

b) Kreuze die richtige Antwort an.

Wie viele 50-€-Scheine benötigst du für 100 €?	1	2	3
Wie viele 10-€-Scheine benötigst du für 100 €?	10	20	30
Wie viele 5-€-Scheine benötigst du für 100 €?	10	20	30

Hunderterzahlen

Addieren wir volle Hunderter, so entstehen die Hunderterzahlen. Jedes Kästchen zeigt ein Hunderterfeld.

1. 100 einhundert
2. 200 zweihundert
3. 300 dreihundert
4. 400 vierhundert
5. 500 fünfhundert
6. 600 sechshundert
7. 700 siebenhundert
8. 800 achthundert
9. 900 neunhundert
10. 1 000 eintausend

- Schreibe die Hunderterzahlen geordnet von der kleinsten bis zur größten unter die Buchstaben.

T	U	!	I	D	S	I	B	T	F
100	___	___	___	___	___	___	___	___	___

- Löse die Rechenfragen. Trage **den Buchstaben** über der Lösungszahl (siehe oben) **in das farbige Feld** ein.

1) Was ist die Hälfte von 1 000?
2) Teile die Zahl 600 in 3 gleich große Teile. Wie groß ist 1 Teil?
3) Finde das Doppelte von 400.
4) Wie heißt die Hunderterzahl, die zusammen mit der Zahl 300 die Zahl 1 000 ergibt?
5) Welche Zahl ist um 300 kleiner als 900?
6) Nenne das Ergebnis aus 9 · 100.
7) Wie lautet die Zahl mit zehn Hundertern?
8) Rechne zu der Zahl 100 die Hälfte von 600 hinzu. Was erhältst du?
9) Was ist kleiner: das Ergebnis aus 10 · 10 oder die Hälfte von 400?
10) Subtrahiere von 1 000 das Ergebnis aus 2 · 300 plus 100.

- Wie lautet der Lösungssatz?

__ __   __ __ __ __   __ __ __   __
1 2   3 4 5 6   7 8 9   10

Diese Zahlen gehören zu den Reihen des großen Einmaleins:

Zahlenreihen des großen Einmaleins										
·	11	12	13	14	15	16	17	18	19	20
1	11	12	13	14	15	16	17	18	19	20
2	22	24	26	28	30	32	34	36	38	40
3	33	36	39	42	45	48	51	54	57	60
4	44	48	52	56	60	64	68	72	76	80
5	55	60	65	70	75	80	85	90	95	100
6	66	72	78	84	90	96	102	108	114	120
7	77	84	91	98	105	112	119	126	133	140
8	88	96	104	112	120	128	136	144	152	160
9	99	108	117	126	135	144	153	162	171	180
10	110	120	130	140	150	160	170	180	190	200

Die Zahlen bis 1000 lassen sich in Hunderter, Zehner und Einer einteilen.

Wir nennen zuerst die Hunderter, dann die Einer und zuletzt die Zehner.

6 8 5

sechshundertfünfundachtzig

Welche Zahl ist gesucht?
Suche die Antwort und verbinde.

a) sechshundertneunundsechzig	696
b) sechshundertsechsundneunzig	966
c) neunhundertsechsundsechzig	669

d) Die gesuchte Zahl liegt zwischen 800 und 900. Alle drei Ziffern sind gleich.	909
e) Die gesuchte Zahl hat 9 H, 0 Z und 9 E.	870
f) Die gesuchte Zahl ist das Doppelte von 435.	888

g) Welche Zahl ist das? Sie hat den kleinsten Hunderter, den kleinsten Zehner und den größten Einer. Trage ein.

- Ordne die Zahlen von der kleinsten bis zur größten. Nummeriere sie von 1 bis 10.

- Trage dann die Zahlen in dieser Reihenfolge in die Tabelle ein.

vierhundertfünfundachtzig
dreihundertsechsundneunzig
einhundertelf
neunhundertzwanzig
vierhundertdreiundsiebzig
zweihundertneun
fünfhundert
achthunderteins
siebenhundertvier
sechshundertsechsundsechzig
siebenhundertneunundvierzig

H	Z	E
1	1	1

Zahlen, die nur durch 1 oder durch sich selbst teilbar sind, heißen **Primzahlen**.

2	79	191	311	439	577	709	857
3	83	193	313	443	587	719	859
5	89	197	317	449	593	727	863
7	97	199	331	457	599	733	877
11	101	211	337	461	601	739	881
13	103	223	347	463	607	743	883
17	107	227	349	467	613	751	887
19	109	229	353	479	617	757	907
23	113	233	359	487	619	761	911
29	127	239	367	491	631	769	919
31	131	241	373	499	641	773	929
37	137	251	379	503	643	787	937
41	139	257	383	509	647	797	941
43	149	263	389	521	653	809	947
47	151	269	397	523	659	811	953
53	157	271	401	541	661	821	967
59	163	277	409	547	673	823	971
61	167	281	419	557	677	827	977
67	173	283	421	563	683	829	983
71	179	293	431	569	691	839	991
73	181	307	433	571	701	853	997

In unserer Währung Euro gibt es außer 5, 10, 20 und 50 Euro auch Geldscheine im Wert von:

100 € 200 € 500 €

Die folgenden Beträge sollen auf ein Bankkonto eingezahlt werden:

775 €

435 €

900 €

250 €

390 €

Male für jeden genannten Betrag die erforderlichen Scheine in der gleichen Farbe an. Reicht das Geld?

Wir kennen Aufgaben, in denen mehrere verschiedene Rechenarten vorkommen.
Um dabei zum richtigen Ergebnis zu gelangen, müssen wir eine wichtige Regel beachten. Sie heißt:

Punktrechnung geht vor Strichrechnung!

Die Punktrechnung erkennen wir an den Punkten im Rechenzeichen, nämlich

$\cdot$ malnehmen und $:$ teilen.

Merke: *Die Punktrechnung muss immer zuerst gemacht werden.*

Die Strichrechnung erkennen wir an den Strichen im Rechenzeichen, nämlich

$+$ plus und $-$ minus.

Merke: *Die Aufgaben der Strichrechnung werden* ***nach*** *der Punktrechnung gerechnet.*

$$\underbrace{5 \cdot 3}_{15} + \underbrace{2 \cdot 4}_{8} = 23 \qquad 15 + 8 = 23$$

$$\underbrace{7 \cdot 6}_{42} - \underbrace{25 : 5}_{5} = 37 \qquad 42 - 5 = 37$$

$$\underbrace{3 \cdot 9}_{27} - \underbrace{3 \cdot 7}_{21} = 6 \qquad 27 - 21 = 6$$

$$\underbrace{4 \cdot 8}_{32} + \underbrace{35 : 5}_{7} = 39 \qquad 32 + 7 = 39$$

Beim Rechnen begegnen uns nicht nur Zahlen.
Wir arbeiten auch mit Flächen und Formen.

Jede Fläche hat ihre besonderen Merkmale. Sie hat eine ganz bestimmte Form und einen eigenen Namen.

Quadrat

Es hat vier Ecken und
vier gleich lange Seiten.
Das Quadrat ist quadratisch.

Rechteck

Es hat vier Ecken und
zwei lange und zwei kurze Seiten.
Das Rechteck ist rechteckig.

Dreieck

Es hat drei Ecken und drei Seiten.
Das Dreieck ist dreieckig.

Kreis

Er hat keine Ecken und keine Seiten.
Der Kreis ist rund.

Welche Formen erkennst du bei diesen Flächen?
Sieh dir die Flächen an und schreibe auf, wie oft du jeweils die Formen entdeckst.

a) 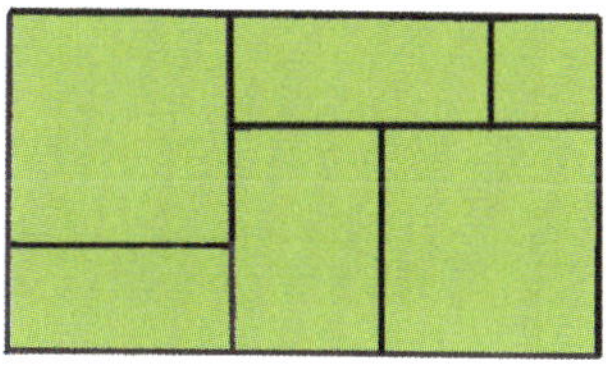

☐ Quadrate
☐ Rechtecke
☐ Dreiecke
☐ Kreise

b) 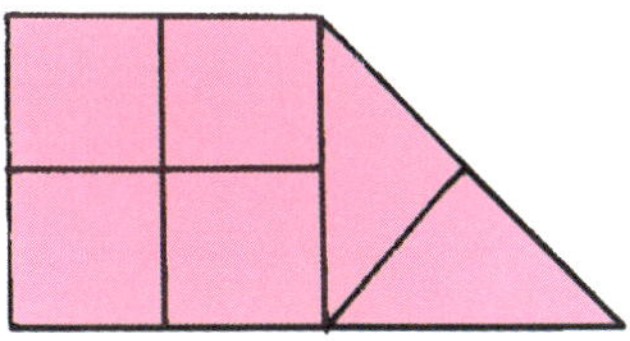

☐ Quadrate
☐ Rechtecke
☐ Dreiecke
☐ Kreise

c) 

☐ Quadrate
☐ Rechtecke
☐ Dreiecke
☐ Kreise

d) 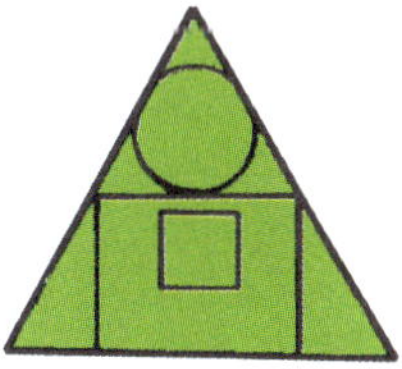

☐ Quadrate
☐ Rechtecke
☐ Dreiecke
☐ Kreise

e) 

☐ Quadrate
☐ Rechtecke
☐ Dreiecke
☐ Kreise

Ein Tag hat 24 Stunden. Er umfasst Tag und Nacht.

1 Stunde hat 60 Minuten.	➜	1 Std.	=	60 Min.
1 Minute hat 60 Sekunden.	➜	1 Min.	=	60 Sek.

Die Uhrzeit können wir auf einer Zeigeruhr oder auf einer Uhr mit Digitalanzeige ablesen.

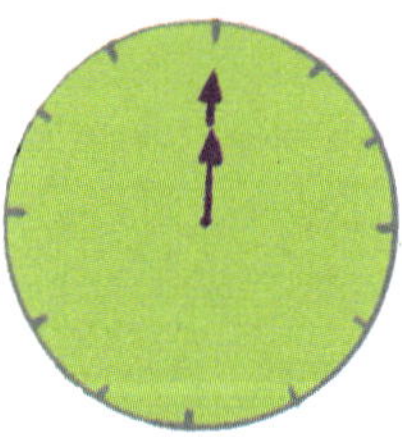

Ein Tag endet um 24.00 Uhr Mitternacht. Im selben Moment beginnt der neue Tag mit der Uhrzeit 00.00 Uhr. 24.00 Uhr und 00.00 Uhr benennen somit den gleichen Zeitpunkt. Vergehen danach 60 Minuten, so ist die nächste volle Stunde erreicht.

Zeichne die angegebenen Uhrzeiten ein.

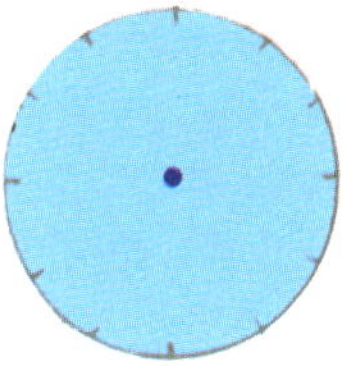
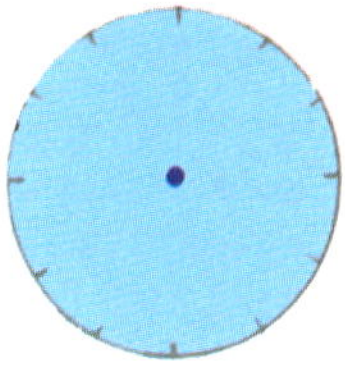
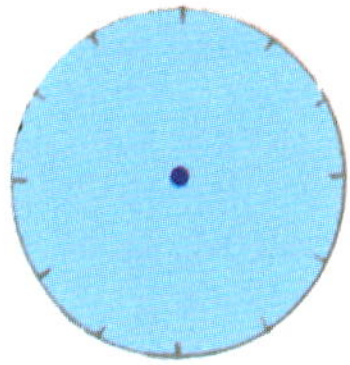
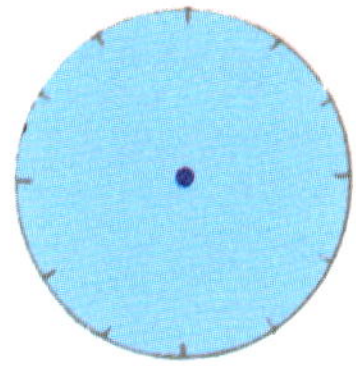

1.00 Uhr
13.00 Uhr

2.00 Uhr
14.00 Uhr

3.00 Uhr
15.00 Uhr

4.00 Uhr
16.00 Uhr

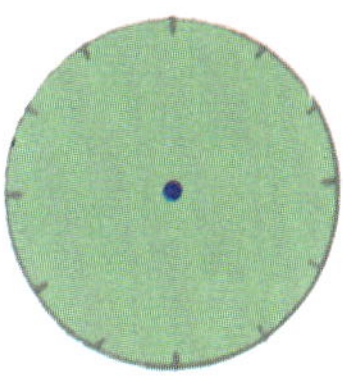
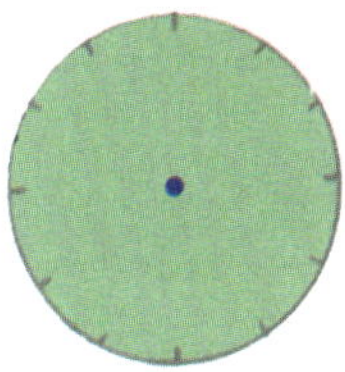
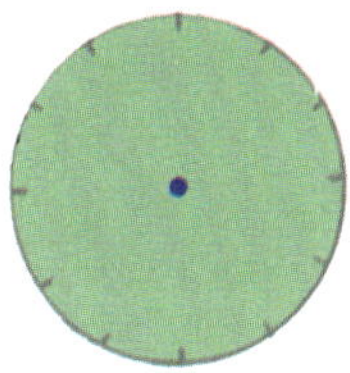
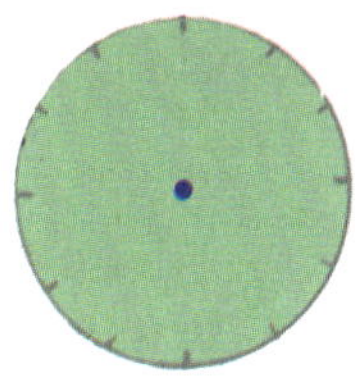

5.00 Uhr
17.00 Uhr

6.00 Uhr
18.00 Uhr

7.00 Uhr
19.00 Uhr

8.00 Uhr
20.00 Uhr

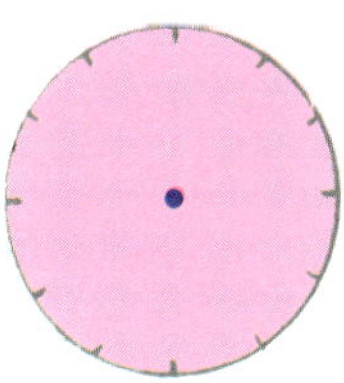
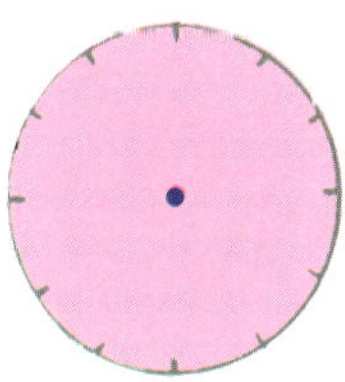
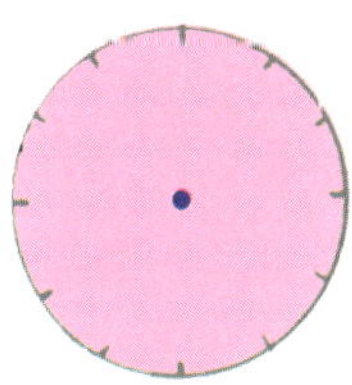
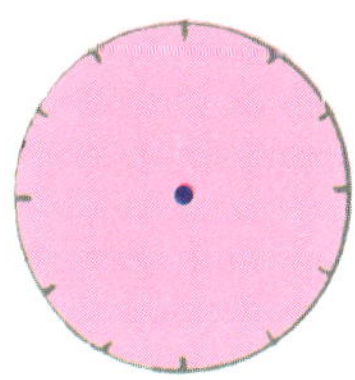

9.00 Uhr
21.00 Uhr

10.00 Uhr
22.00 Uhr

11.00 Uhr
23.00 Uhr

12.00 Uhr
24.00 Uhr

Wenn eine volle Stunde erreicht ist und die Uhr weiterläuft, können wir die Minuten ablesen, die **nach** der vollen Stunde vergangen sind.

Es ist **eine Minute nach neun**.

15 Minuten sind eine Viertelstunde. Wenn 15 Minuten nach der vollen Stunde vergangen sind, sagen wir:

Es ist **Viertel nach neun**.

Gleichzeitig geht die Zeit auf die nächste volle Stunde zu. Wenn 30 Minuten vergangen sind, ist eine halbe Stunde vorbei. Die nächste volle Stunde wird in 30 Minuten erreicht sein. Wir sagen deshalb:

Es ist **halb zehn**.

Von nun an können wir die Zeit nennen, die bis zur nächsten vollen Stunde fehlt.

Es ist **Viertel vor zehn**.

a) Kreuze die richtige Zeitangabe an.

- ☐ zwanzig nach drei
- ☐ zwanzig vor drei
- ☐ zwanzig nach zwei

- ☐ zehn vor zwölf
- ☐ Viertel vor zwölf
- ☐ halb zwölf

b) Zeichne die Abfahrtszeiten des Schulbusses ein.

7.15 Uhr Abfahrt Bahnhof: 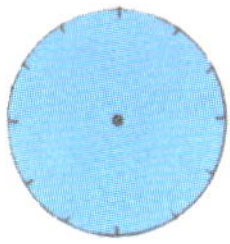

7.35 Uhr Ankunft Schule: 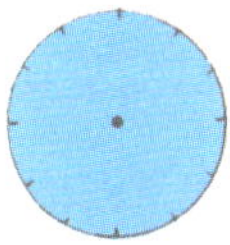

12.10 Uhr Abfahrt Schule: 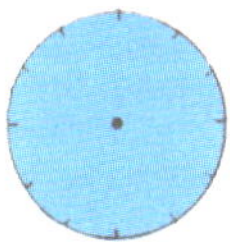

12.30 Uhr Ankunft Bahnhof: 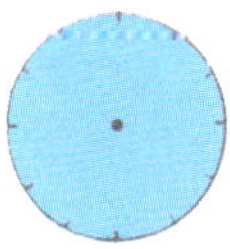

c) Peter hat noch 4 Minuten Zeit, bis sein Zug abfährt.
Es ist 7.37 Uhr. Wann fährt der Zug?

Wir orientieren uns an einem Kalender, um unsere Zeit einzuteilen.

Es gibt **7 Wochentage**. Sie heißen:

1. Montag
2. Dienstag
3. Mittwoch
4. Donnerstag
5. Freitag
6. Samstag
7. Sonntag

Dies sind die Tage einer **Woche**.

Die Zeit von ungefähr 4 Wochen ergibt einen **Monat**. Jeder Monat, außer Februar, hat 30 oder 31 Tage.

Die Monate eines Jahres heißen:

		Dieser Monat hat ...
1	Januar	31 Tage
2	Februar	28 oder 29* Tage
3	März	31 Tage
4	April	30 Tage
5	Mai	31 Tage
6	Juni	30 Tage
7	Juli	31 Tage
8	August	31 Tage
9	September	30 Tage
10	Oktober	31 Tage
11	November	30 Tage
12	Dezember	31 Tage

Diese **12 Monate** bilden ein **Jahr**.

Jedes Jahr erhält eine eigene Jahreszahl.
Ein Jahr hat 365 Tage.
Das sind **52 Wochen**. Sind sie vorbei, so beginnt ein neues Jahr ...

*Alle vier Jahre ist ein **Schaltjahr**:
Dann gibt es einen 29. Februar.
Jedes Schaltjahr hat also 366 Tage.

Nimm einen Kalender von diesem Jahr und beantworte die folgenden Fragen. Setze die fehlenden Zahlen ein.

- Welche Jahreszahl hat dieses Jahr?
- Welche Jahreszahl hatte das vergangene Jahr?
- Welche Jahreszahl hat das kommende Jahr?

Ein Jahr hat ____ Monate.

Ein Monat hat rund ____ Wochen.

Eine Woche hat _____ Tage.

Ein Tag hat _____ Stunden.

Eine Stunde hat ______ Minuten.

Eine Minute hat ______ Sekunden.

a) Britta arbeitet an jedem ersten und letzten Tag eines Monats im Tierheim. An welchen Tagen muss Britta arbeiten? Schreibe jedes Datum hier auf.

1.1.	♦	31.1.		♦	
	♦			♦	
	♦			♦	
	♦			♦	
	♦			♦	
	♦			♦	

Wie viele Arbeitstage sind das in einem Jahr? __________

b) Nicole hat am 10.9. Geburtstag, Pia genau eine Woche später. Wann hat Pia Geburtstag? __________

c) „Wir wohnen seit genau neun Monaten in unserem neuen Haus!", freut sich Mama am letzten Tag des Jahres. Wann ist die Familie eingezogen? __________

Textaufgaben sind kleine Rechengeschichten, in denen ein Rätsel steckt. Um das Rätsel einer Textaufgabe zu lösen, müssen wir drei Dinge bedenken:

1. Wie lautet die **F**rage?
2. Welcher **R**echenweg ist richtig?
3. Wie lautet die **A**ntwort?

Und so gehst du vor:

1. Lies zuerst die Textaufgabe durch.

   Wenn die Frage bereits in der Textaufgabe steht, brauchst du sie nur abzuschreiben.
   Steht sie nicht dabei, überlege selbst, worauf du beim Lesen der Geschichte neugierig geworden bist: Was möchtest du erfahren?
   Schreibe die Frage auf.

2. Überlege nun, welche Zahlen in der Geschichte genannt werden.

   Suche sie heraus, denn mit ihnen musst du rechnen. Überlege dann, welche Rechenart dir Antwort auf deine Frage geben kann. Bilde nun mit den Zahlen und der Rechenart die Rechenaufgabe.
   Schreibe den Rechenweg auf.

3. Die Lösung deiner Rechenaufgabe gibt dir die Antwort auf deine Frage.
   Schreibe die Antwort auf.

Löse die folgenden Textaufgaben.

- Finde zuerst die richtige Frage und kreuze sie an.
- Überlege den Rechenweg und rechne.
- Kreuze dann die richtige Antwort an.

Petra muss vier Treppenabsätze hinaufgehen, um in ihre Wohnung zu kommen. Ein Treppenabsatz hat sieben Stufen.

Frage:

☐ Wieso wohnt Petra so weit oben?

☐ Wie viele Stufen muss Petra bis zu ihrer Wohnung hinaufsteigen?

☐ Wie viele Stufen hat ein Treppenabsatz?

Rechnung:

☐ $7 + 4 =$ ______

☐ $7 + 7 =$ ______

☐ $7 \cdot 4 =$ ______

Antwort:

☐ Petra muss 11 Stufen hinaufsteigen.

☐ Petra muss 14 Stufen hinaufsteigen.

☐ Petra muss 28 Stufen hinaufsteigen.

Nicht jede Textaufgabe ist leicht zu lösen.

➔ Die Frage muss selbst gefunden werden:

Überlege, was in der Rechengeschichte erzählt wird, und denke nach, was du außerdem erfahren möchtest.
Worauf bist du neugierig geworden?

Schreibe diese Frage auf!

a) Patricks Vater ist 35 Jahre alt.
Er ist 25 Jahre älter als Patrick.

Frage: ______________________________

b) Für 6 Paar Socken bezahlt Carlo 18 €.

Frage: ______________________________

c) Lukas muss nur noch 4-mal 5 Tage lang in seine alte Schule gehen.

Frage: ______________________________

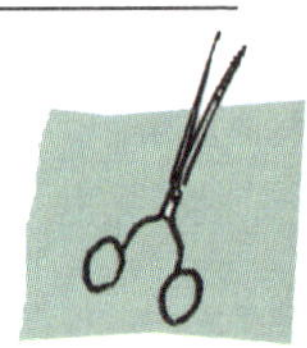

d) Nele geht jeden zweiten Monat zum Friseur.
In einem Jahr kostet sie das 240 €.

Frage: ______________________________

➔ Hier muss der richtige Rechenweg gefunden werden.

Bilde die Rechenaufgabe und löse sie.

a) In Olafs Mofa sind 5 Liter Benzin. 1 Liter reicht für 50 km. Wie weit kann Olaf mit einer Tankfüllung fahren?

Rechnung:

Antwort: Olaf kann mit einer Tankfüllung ________ fahren.

b) Drei Zahlen ergeben zusammen 1 000. Die erste Zahl heißt 485. Die zweite Zahl ist um 100 kleiner als die erste. Wie groß ist die dritte Zahl?

Rechnung:

Antwort: Die dritte Zahl heißt ________ .

c) Sina will sich eine Kette aus Apfelkernen basteln. Jeden Tag isst sie 3 Äpfel, und in jedem Apfel findet sie 5 schöne Kerne. Wie viele Kerne hat sie nach einer Woche?

Rechnung:

Antwort: Sina hat nach einer Woche ________ Kerne.

Wird etwas im Spiegel betrachtet, erscheint dort das gleiche Bild. Dies ist das Spiegelbild.

Die Linie, die das tatsächliche Bild vom Bild im Spiegel trennt, heißt **Spiegelachse** oder **Symmetrieachse**.

Die vollkommene Gleichheit dieser beiden Bilder nennt man **Symmetrie**.

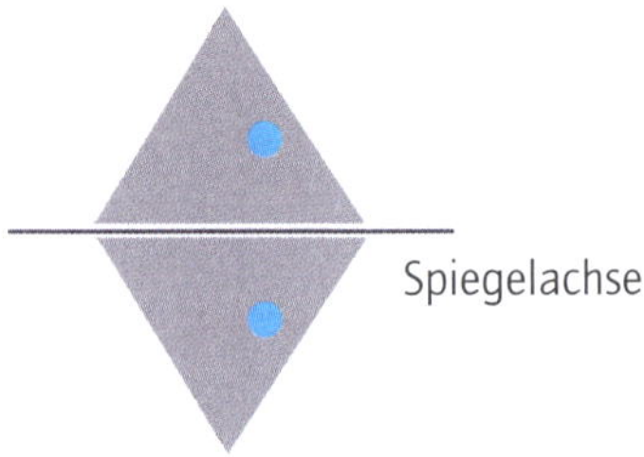

Suche zu jedem Bild das richtige Spiegelbild
und trage die passende Zahl ein.

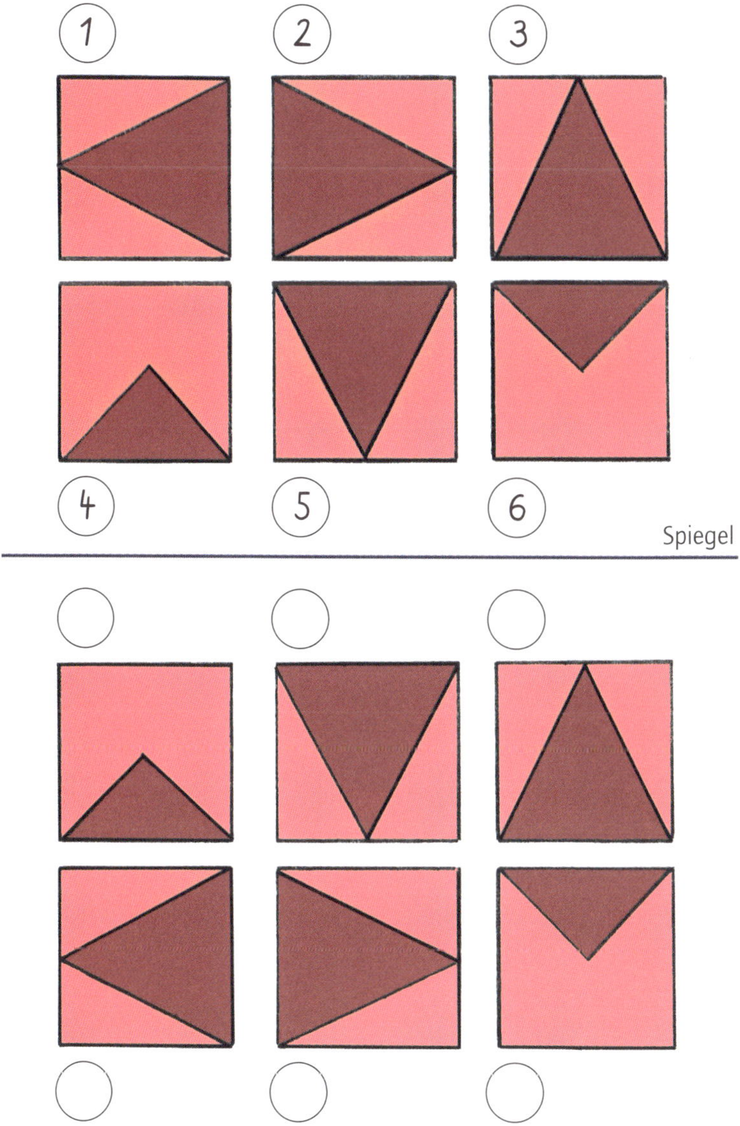

Spiegelachsen einzeichnen

Zeichne mit einem Lineal bei jeder Figur und bei jedem Buchstaben die Spiegelachse(n) ein.

Beim Umgang mit Zahlen und Mengen reicht es manchmal aus, die Menge zunächst nur ungefähr zu bestimmen. Dafür suchen wir die nächste Zehnerzahl, Hunderterzahl oder Tausenderzahl. So können wir **aufrunden** oder **abrunden**.

Die Zahlen 5, 50 oder 500 bilden die Grenze. Ab dieser Zahl wird jeweils aufgerundet. Was darunter liegt, wird abgerundet.

Die gerundete Zahl entspricht der tatsächlichen Zahl nicht genau. Die beiden Zahlen sind *nicht gleich*.

Das Zeichen dafür sieht so aus:

12	≈	10
zwölf	gerundet	zehn

Runden zum nächsten Zehner

14 ≈ 10	16 ≈ 20	55 ≈ 60
276 ≈ 280	421 ≈ 420	936 ≈ 940
754 ≈ ______	312 ≈ ______	567 ≈ ______

Runden zum nächsten Hunderter

598 ≈ 600	821 ≈ 800	2 898 ≈ 2 900
763 ≈ ______	4 723 ≈ ______	934 ≈ ______

Runden zum nächsten Tausender

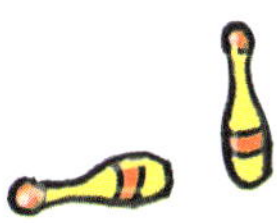

3 333 ≈ 3 000	6 102 ≈ 6 000	7 021 ≈ 7 000
4 679 ≈ ______	2 275 ≈ ______	8 399 ≈ ______

Runde die folgenden Geldbeträge zuerst zum nächsten Zehner, dann zum nächsten Hunderter.

186 €	≈	190 €	≈	200 €
233 €	≈		≈	
421 €	≈		≈	
367 €	≈		≈	
419 €	≈		≈	
532 €	≈		≈	
694 €	≈		≈	
709 €	≈		≈	
818 €	≈		≈	
966 €	≈		≈	

Beim Rechnen mit mehrstelligen Zahlen ist es oft hilfreich, sich vor Beginn der Rechnung eine Vorstellung vom Ergebnis zu machen.

Dazu runden wir auf oder ab und rechnen zuerst die Aufgabe mit den gerundeten Zahlen im Kopf aus. Dies nennen wir **überschlagen**.

	Aufgabe →	**Überschlag**
+	46 + 23 = 69	50 + 20 = 70
−	123 − 64 = 59	120 − 60 = 60
·	96 · 12 96 192 1152	100 · 10 100 000 1000
:	594 : 22 = 27 44 154 154 0	600 : 20 = 30

Überschlagen üben

Einige der folgenden Aufgaben sind falsch.
Errechne den Überschlag und finde so heraus,
welche Ergebnisse nicht richtig sein können.

Trage für falsche Ergebnisse ein f ein.
Richtige Lösungen versiehst du mit einem Häkchen ✓.

341 + 37 = 378 ✓

340 + 40 = 380

581 + 92 = 623 ☐

____

497 + 88 = 565 ☐

____

211 + 37 = 248 ☐

____

668 + 53 = 701 ☐

____

872 + 35 = 907 ☐

____

766 + 71 = 837 ☐

____

Eine Gesamtmenge lässt sich in mehrere Teilmengen zerlegen. Diese Teilmengen eines Ganzen geben wir in Brüchen an.

Die Zahl über dem Bruchstrich sagt, wie viele Teilstücke vorliegen. Diese Zahl heißt **Zähler**.

Die Zahl unter dem Bruchstrich sagt, aus wie vielen Teilen gleicher Größe das ganze Element besteht. Diese Zahl heißt **Nenner**.

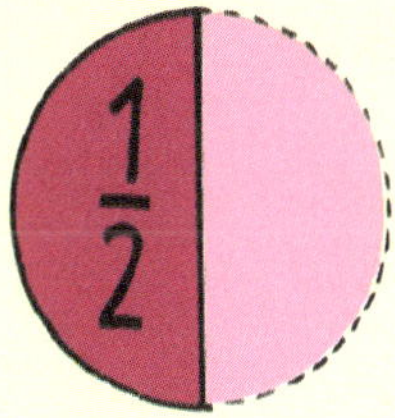

Teilen wir:

1 ganzes Element
in **2** gleich große Teile,

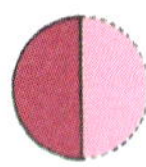

so erhalten wir zweimal $\frac{1}{2}$ ein Halb.

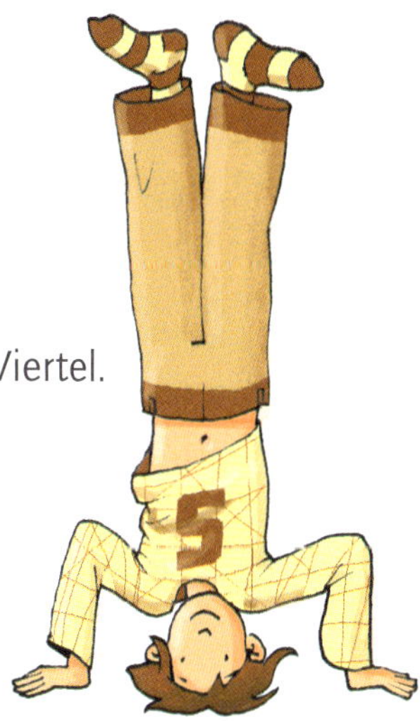

Teilen wir:

1 ganzes Element
in **4** gleich große Teile,

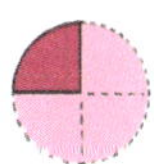

so erhalten wir viermal $\frac{1}{4}$ ein Viertel.

Teilen wir:

1 ganzes Element
in **8** gleich große Teile,

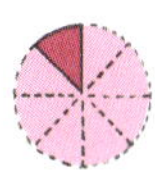

so erhalten wir achtmal $\frac{1}{8}$ ein Achtel.

Male die Felder der Kreise wie angegeben aus.

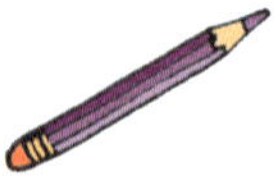

a) Male $\frac{1}{2}$ rot an.

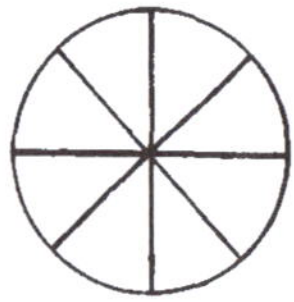

b) Male $\frac{2}{4}$ blau an.
Male $\frac{1}{4}$ rot an.

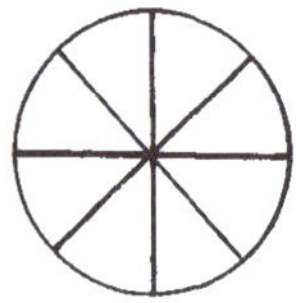

c) Male $\frac{4}{4}$ blau an.

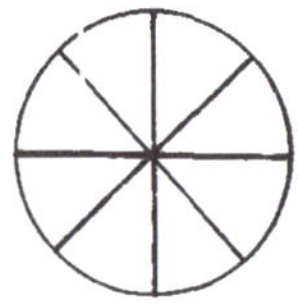

d) Male $\frac{1}{8}$ blau an.
Male $\frac{1}{4}$ rot an.

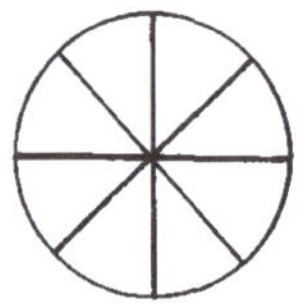

e) Male $\frac{1}{8}$ rot an.
Male $\frac{3}{4}$ blau an.

Vergleiche jeweils die beiden Brüche.
Was ist mehr? Kreuze an.

a) ☐ $\frac{1}{2}$
☐ $\frac{1}{4}$

b) ☐ $\frac{1}{4}$
☐ $\frac{2}{4}$

c) ☐ $\frac{1}{8}$
☐ $\frac{1}{2}$

d) ☐ $\frac{1}{2}$
☐ $\frac{2}{8}$

e) ☐ $\frac{3}{4}$
☐ $\frac{1}{4}$

f) ☐ $\frac{1}{8}$
☐ $\frac{2}{4}$

Flüssigkeiten werden in Gefäßen gemessen, welche die genaue Menge in **Litern** oder **Millilitern** anzeigen.

1 Liter (l) = 1000 Milliliter (ml)

1 Liter = 1000 Milliliter
$\frac{3}{4}$ Liter = 750 Milliliter
$\frac{1}{2}$ Liter = 500 Milliliter
$\frac{1}{4}$ Liter = 250 Milliliter
$\frac{1}{8}$ Liter = 125 Milliliter

Wir können auch die **Dezimal-Schreibweise** wählen:

500 ml = 0,5 l
1 500 ml = 1,5 l
2 500 ml = 2,5 l
3 000 ml = 3,0 l

Trage die fehlenden Angaben ein.

Liter	Milliliter
3,750 l = $3\frac{3}{4}$ l	3 750 ml
0,500 l =	
= $2\frac{3}{4}$ l	
=	1 250 ml
=	2 125 ml
4 l	
=	750 ml
=	125 ml
5,125 l =	
$3\frac{1}{4}$ l	

Wie groß ist der Unterschied? Kreuze an.

a)	7 l	↔	2,6 l	☐ 4 400 ml ☐ 4,6 l
b)	2 000 ml	↔	1 l	☐ 2 l ☐ 1 000 ml
c)	600 ml	↔	1,0 l	☐ 400 ml ☐ 4,0 l
d)	3 500 ml	↔	2 l	☐ 1,5 l ☐ 5 l
e)	0,75 l	↔	$\frac{1}{2}$ l	☐ 750 ml ☐ 250 ml
f)	5,0 l	↔	400 ml	☐ 4,6 l ☐ 900 ml
g)	$\frac{3}{4}$ l	↔	500 ml	☐ $\frac{1}{4}$ l ☐ 200 ml
h)	0,4 l	↔	200 ml	☐ $\frac{1}{2}$ l ☐ 0,2 l
i)	250 ml	↔	0,2 l	☐ 0,5 l ☐ 50 ml
j)	7,0 l	↔	0,7 l	☐ 6,3 l ☐ 7 000 ml

Wie schwer etwas ist, stellen wir fest, wenn wir es wiegen. Gewichte werden in **Gramm**, **Kilogramm** oder **Tonnen** angegeben.

1000 Gramm (g) = 1 Kilogramm (kg)
1000 Kilogramm (kg) = 1 Tonne (t)

1 000 g = 1 kg	2 000 kg = 2 t
750 g = 0,75 kg = $\frac{3}{4}$ kg	4 000 kg = 4 t
500 g = 0,5 kg = $\frac{1}{2}$ kg	6 000 kg = 6 t
250 g = 0,25 kg = $\frac{1}{4}$ kg	8 000 kg = 8 t
125 g = 0,125 kg = $\frac{1}{8}$ kg	10 000 kg = 10 t

Trage die Gewichtsangaben in die Tabelle ein.

1 750 g	=	1 kg 750 g
4 630 g	=	
5 001 g	–	
7 315 g	=	
888 g	=	
12 g	=	
2 222 g	=	
3 988 g	=	
4 000 g	=	

> Die genaue Länge der Dinge unserer Umgebung erfahren wir, wenn wir messen.
>
> Die Maßeinheit für Längen heißt: **Meter (m)**.
>
> 100 Zentimeter (cm) = 1 Meter (m)
> 1 000 Meter (m) = 1 Kilometer (km)

Wird 1 Meter in 10 gleich große Teile unterteilt, so erhalten wir die Maßeinheit:

Dezimeter (dm)

Unterteilen wir 1 Dezimeter in 10 gleich große Teile, so erhalten wir die Maßeinheit:

Zentimeter (cm)

Die Einteilung von 1 Zentimeter in 10 gleich große Teile ergibt die Maßeinheit:

Millimeter (mm)

Bei größeren Strecken heißt die Maßeinheit:

Kilometer (km)

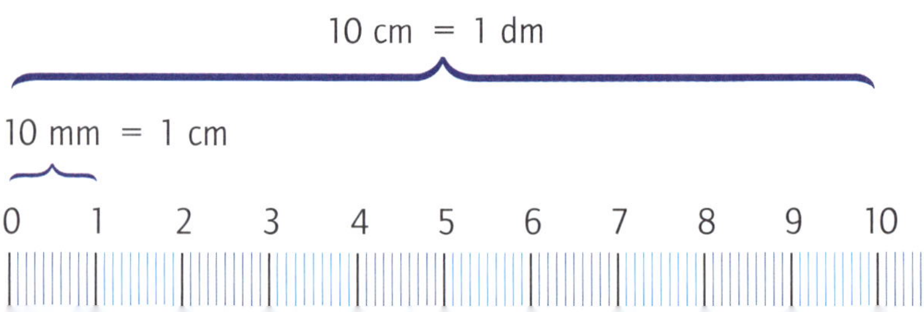

Vergleiche immer zwei Längenangaben miteinander und setze das passende Zeichen ein.

(>) größer als (<) kleiner als (=) gleich

a) 100 cm ○ 1 m

86 cm ○ 68 dm

1 km ○ 99 cm

5 cm ○ 5 mm

b) 3 000 mm ○ 30 dm

24 cm ○ 23 m

9 dm ○ 19 cm

7 cm ○ 6 km

c) 100 cm ○ 10 mm

50 m ○ 50 cm

2 km ○ 2 000 m

450 m ○ 4 000 dm

13 14 15 16 17 18 19 20 21 22 cm

Bei Mengen mit unterschiedlichen Maßeinheiten verkürzt das Komma die Schreibweise.

Bei Geldbeträgen
Das Komma trennt Euro und Cent voneinander.

4 Euro und 85 Cent
4,85 €

Bei Längenmaßen
Das Komma trennt Meter und Zentimeter oder Kilometer und Meter voneinander.

3 Meter und 85 Zentimeter
3,85 m
4 Kilometer und 65 Meter
4,065 km

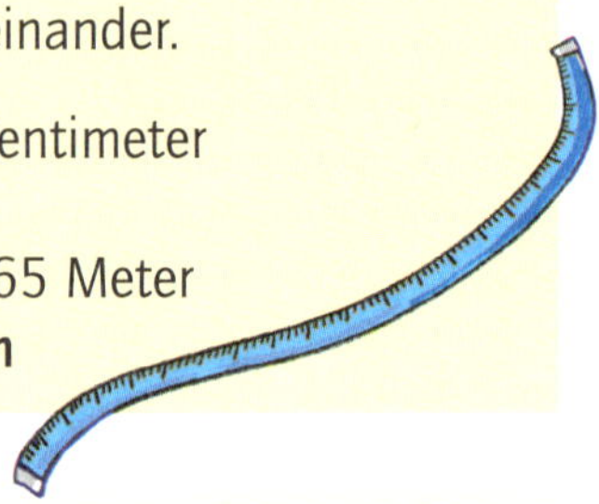

Bei Gewichtsangaben
Das Komma trennt Kilogramm und Gramm voneinander.

6 Kilogramm und 50 Gramm
6,05 kg

Bei Hohlmaßen
Das Komma trennt Liter und Milliliter voneinander.

3 Liter und 400 Milliliter
3,4 l

Schreibe die angegebenen Mengen mit Komma.

900 g	=	kg
20 g	=	kg
2 g	=	kg
4 037 g	=	kg
1 ct	=	€
21 ct	=	€
303 ct	=	€
1 250 ct	=	€
259 ml	=	l
7 ml	=	l
3 894 ml	=	l
81 ml	=	l
2 467 m	=	km
16 cm	=	m
102 mm	=	m
3 m	=	km

Größen umrechnen

Wandle die Angaben in die genannten Größen um.

4,010 kg = ________ g

75 g = ________ kg

0,380 kg = ________ g

2 256 g = ________ kg

25 € 3 ct = ________ €

750 ct = ________ €

122 € 15 ct = ________ €

2 ct = ________ €

8,51 l = ________ ml

$\frac{3}{4}$ l = ________ ml

$1\frac{1}{2}$ l = ________ ml

3,03 l = ________ ml

1,25 km = ________ m

55 m = ________ km

12 cm = ________ m

3 456 mm = ________ m

Trage die fehlenden Angaben in die Tabelle ein.

a)	11.26 Uhr	+ 34 Min.	12.00 Uhr
b)	0.13 Uhr		1.00 Uhr
c)	9.01 Uhr		10.00 Uhr

d)	13,5 kg		14,000 kg
e)	928 kg		1 t
f)	680 g		1 kg

g)	78 cm		1 m
h)	1,5 km		3 km
i)	90 mm		10 cm

j)	38 l		100 l
k)	$\frac{1}{4}$ l		1 l
l)	750 ml		1 000 ml

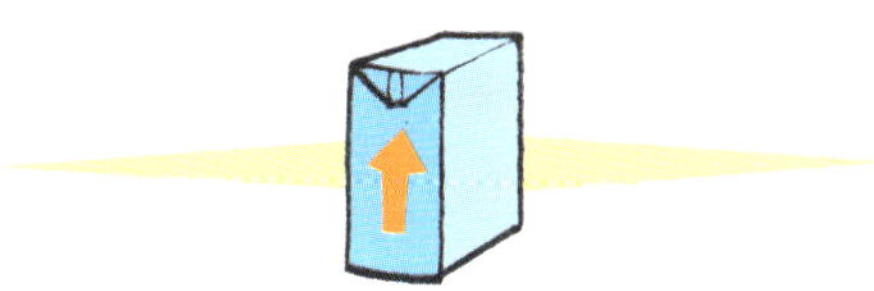

Beim Addieren mehrstelliger Zahlen rechnen wir schriftlich. Schreibe die Zahlen immer untereinander!

Schriftliches Addieren ohne Übergang

1. Addiere die Einer.
2. Addiere die Zehner.
3. Addiere die Hunderter.
4. Addiere die Tausender.

	T	H	Z	E
	5	4	7	6
+	3	5	2	2
	8	9	9	8

Schriftliches Addieren mit Übergang

Rechne wie oben. Notiere vom Ergebnis nur die Einerstelle. Die Zehnerstelle rechnest du der nächsten Ergebniszahl hinzu. Fahre so fort.

		T	H	Z	E
		2	9	5	2
+		8	4	6	9
		1	1	1	
	1	1	4	2	1

9 plus 2 gibt 11,
1 an, 1 gemerkt.
1 plus 6 plus 5 gibt 12,
2 an, 1 gemerkt.
1 plus 4 plus 9 gibt 14,
4 an, 1 gemerkt.
1 plus 8 plus 2 gibt 11,
11 an.

Schriftliches Addieren mit Komma

Rechne wie oben. Achte darauf, dass alle Kommas untereinander stehen. Beim Ergebnis erhält das Komma seinen Platz an gleicher Stelle.

	45,78 €
+	12,54 €
	1 1
	58,32 €

Schreibe richtig untereinander und rechne aus.

ⓐ 434 300 + 7 220 + 19 588

ⓑ 378 980 + 21 098 + 34 501

ⓒ 298 050 + 23 544 + 1 289

ⓐ

	4	3	4	3	0	0
+						
+						

ⓑ

ⓒ

Errechne den Gesamtbetrag.

ⓓ 52,50 € + 69,98 € + 99,00 €

ⓔ 325,00 € + 759,00 € + 880,00 €

ⓕ 1 290,00 € + 4 277,00 € + 2 976,00 €

ⓓ

		5	2	,	5	0	€
+							
+							

ⓔ

ⓕ

> Beim Subtrahieren mehrstelliger Zahlen rechnen wir schriftlich. Schreibe die Zahlen untereinander.

Schriftliches Subtrahieren ohne Übergang

1. Errechne den Unterschied von der unteren zur oberen Einerzahl.
2. Errechne den Unterschied von der unteren zur oberen Zehnerzahl.
3. Errechne den Unterschied von der unteren zur oberen Hunderterzahl.
4. Errechne den Unterschied von der unteren zur oberen Tausenderzahl.

	T	H	Z	E
	4	5	3	9
–	3	2	1	2
	1	3	2	7

Schriftliches Subtrahieren mit Übergang

1. Beginne wieder bei den Einern und errechne den Unterschied. Ergänze dafür die obere Zahl in Gedanken um eine Zehnerstelle.
2. Notiere die Einerstelle. Rechne die gedachte Zehneranzahl beim nächsten Rechengang mit. Fahre so fort.

	T	H	Z	E
	7	5	6	3
–	4	7	8	8
		1	1	1
	2	7	7	5

3 minus 8 geht nicht.
13 minus 8 gibt 5; 5 an, 1 gemerkt.
1 plus 8 gibt 9.
6 minus 9 geht nicht.
16 minus 9 gibt 7; 7 an, 1 gemerkt.
1 plus 7 gibt 8.
5 minus 8 geht nicht.
15 minus 8 gibt 7; 7 an, 1 gemerkt.
1 plus 4 gibt 5.
7 minus 5 gibt 2; 2 an.

Schriftliches Subtrahieren von mehreren Zahlen

1. Schreibe die Zahlen untereinander.
2. Beginne bei den Einern zu rechnen. Addiere jeweils die Zahlen einer Stelle von unten nach oben und subtrahiere dieses Ergebnis von der obersten Zahl.
3. Errechne so den gesamten Unterschiedsbetrag.

	HT	ZT	T	H	Z	E
	2	4	1	8	7	9
−	1	3	0	2	2	2
−		1	1	5	0	1
−		8	8	0	2	4
	1	1				
		1	2	1	3	2

4 plus 1 plus 2 gibt 7.
9 minus 7 gibt 2; 2 an.
2 plus 0 plus 2 gibt 4.
7 minus 4 gibt 3; 3 an.
0 plus 5 plus 2 gibt 7.
8 minus 7 gibt 1; 1 an.
8 plus 1 plus 0 gibt 9.
1 minus 9 geht nicht.
11 minus 9 gibt 2;
2 an, 1 gemerkt.
1 plus 8 plus 1 plus 3 gibt 13.
4 minus 13 geht nicht.
14 minus 13 gibt 1;
1 an, 1 gemerkt.
1 plus 1 gibt 2.
2 minus 2 gibt 0.

Schriftliches Subtrahieren mit Komma

Wie beim schriftlichen Addieren steht auch beim schriftlichen Subtrahieren das Komma immer an der gleichen Stelle.

	450,80 €	
−	225,15 €	
	1 1	
	225,65 €	

Subtraktionsaufgaben

Löse die folgenden Aufgaben: Schreibe die Zahlen untereinander in die Kästchen und rechne. Kreuze dann die Schatzkiste an, die alle Lösungszahlen enthält.

33 000 - 7 000

		3	3	0	0	0
−			7	0	0	0

63 000 - 17 000

−						

94 000 - 12 500

−						

88 000 - 1 250

−						

12 800 - 4 580

−						

92 000 - 67 490

−						

☐

☐

Beim Malnehmen mit mehrstelligen Zahlen multiplizieren wir schriftlich.

```
HZE  HZE
520 · 360
 1560
  3120
   000
187200
```

- Multipliziere den Hunderter der rechten Zahl (blau):
  - · mit den Einern der linken Zahl (rot)
  - · mit den Zehnern der linken Zahl
  - · mit den Hundertern der linken Zahl
- Notiere die Einerstelle. Rechne gegebenenfalls die gedachte Zehneranzahl beim nächsten Rechengang mit.
- Führe die gleiche Rechnung mit den übrigen Stellen der rechten Zahl aus.
- Addiere die Ergebniszahlen.

Schriftliches Multiplizieren mit Komma

```
35,20 · 84,20 €
 28160
  14080
    7040
     0000
 2963,8400 €
```

- Zähle die gesamte Anzahl der Stellen hinter dem Komma in der Aufgabe.
- Zähle die gleiche Stellenanzahl von rechts nach links beim Ergebnis ab. Dies ist der Platz für das Komma.

Multipliziere schriftlich. Suche dann die Lösungszahl auf der Liste rechts und trage den Buchstaben unten ein.

E 8694	E 160000	O 550	F 210000	I 188370	E 163584
M 3680	R 9090	R 140000	M 6294	S 1866	N 197769

① 622 · 3

② 110 · 5

③ 920 · 4

④ 1 049 · 6

⑤ 4 347 · 2

⑥ 1 515 · 6

⑦ 3 000 · 70

⑧ 4 000 · 40

⑨ 7 000 · 20

⑩ 546 · 345

⑪ 768 · 213

⑫ 461 · 429

1	2	3	4	5	6	7	8	9	10	11	12

Bei mehrstelligen Zahlen dividieren wir schriftlich.

```
ZT T H Z E
1 2 6 7 2 : 11 = 1152
1 1
  1 6
  1 1
    5 7
    5 5
      2 2
      2 2
        0
```

1. Finde heraus, wie oft der Teiler in der ersten Teilmenge enthalten ist, und notiere.
2. Errechne den Rest und nimm von der Zahl, die du teilen sollst, eine weitere Stelle hinzu. Fahre so fort, bis alle Stellen verbraucht sind.

Schriftliches Dividieren mit Rest

Bleibt am Ende der Rechnung eine Menge übrig, die kleiner ist als der Teiler, so notieren wir diese Menge als Rest.

```
H Z E
1 3 4 : 7 = 19 Rest 1
7
6 4
6 3
  1
```

Beachte die Tipps auf Seite 27!

a)
- Unterstreiche die Zahlen, die durch 3 teilbar sind.

  527 031 481 600
  290 520 654 221

- Unterstreiche die Zahlen, die durch 5 teilbar sind.

  769 435 612 309 450 975 321 760

- Unterstreiche die Zahlen, die durch 8 teilbar sind.

  327 516 740 864 520 472 487 289

b) Rechne:

235 650 : 5 =

476 296 : 4 =

235 650 : 5 =

345 200 : 20 =

c) Das Komma steht bei der Ergebniszahl an der gleichen Stelle wie in der Aufgabe.

56,40 € : 4 = 456,60 € : 3 =

Setze die fehlenden Zahlen ein.

„Einmal eine Million gewinnen", träumt Paule und malt sich aus, was er damit wohl alles anstellen könnte ...

a) 100 000 € auf das Sparbuch
300 000 € für ein eigenes Haus
50 000 € für ein neues Auto = ____________

b) Einmal pro Jahr würde Paule in den nächsten 10 Jahren eine schöne Reise machen und dafür je Reise 8 000 € reservieren.

________ · ________ = ____________

c) An seine beiden Brüder würde er 140 000 € verschenken, die sie sich teilen müssten.

________ : ________ = ____________

d) Und damit der Sportverein endlich sein neues Stadion fertig stellen kann, denkt er an eine jährliche Zuwendung in Höhe von 35 000 € über 3 Jahre.

________ · ________ = ____________

e) Für „Kinder in Not" möchte Paule 3 Jahre lang monatlich 6 000 € spenden.

______ · ______ = ________

______ · ______ = ________

f) Wie viel Geld würde Paule dem Sportverein (siehe d)) in 2 Jahren zukommen lassen?

______ · ______ = ________

g) Wie viel Geld bekäme der Verein „Kinder in Not" (siehe e)) insgesamt von Paule, wenn er sich nach 3 Jahren entschließt, noch zwei Jahre lang monatlich 200 € zu spenden?

______ · ______ = ________

______ + ______ = ________

i) Wie viel Geld hat Paule für sich persönlich verplant?

______ + ______ = ________

j) Was bleibt übrig, wenn Paule die Pläne a) bis e) erfüllt?

____

____

____

Zahlen bis 1 000 000 ordnen

Ordne die vier Zahlen eines Blocks nach ihrer Größe. Beginne mit der kleinsten.

526 470	336 590	355 909	635 427
336 590			

827 311	98 792	101 723	200 999

412 743	770 200	630 987	1 000 000

240 623	548 932	42 239	340 788

Viele Gegenstände können wir verschiedenen Grundformen zuordnen, die auf den Flächen aufbauen. Daraus entstehen die so genannten Körper.

Sie heißen:

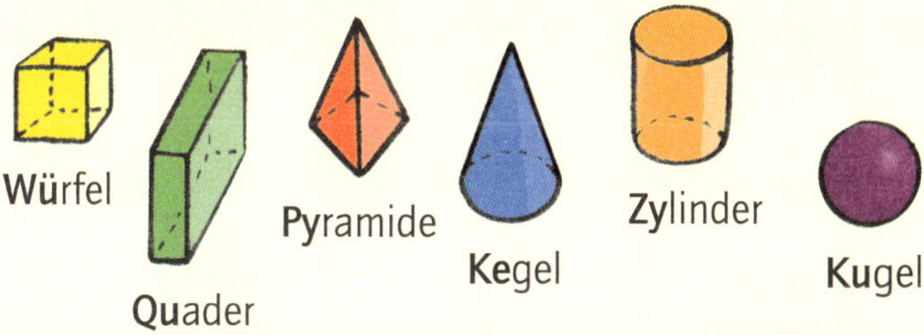

Jeder unten abgebildete Gegenstand entspricht einem dieser Körper. Welche Körper erkennst du?

Notiere jeweils die beiden Anfangsbuchstaben des Körpers in dem Kästchen.

a) ☐

b) ☐

c) ☐

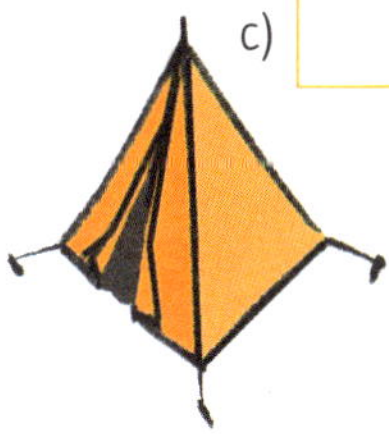

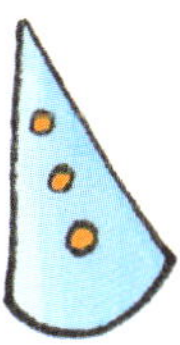

d) ☐

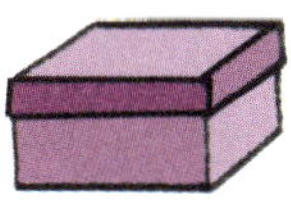

e) ☐

f) ☐

a) Vergleiche jeweils die Flächen von zwei Figuren. Welche ist größer? Kreuze an.

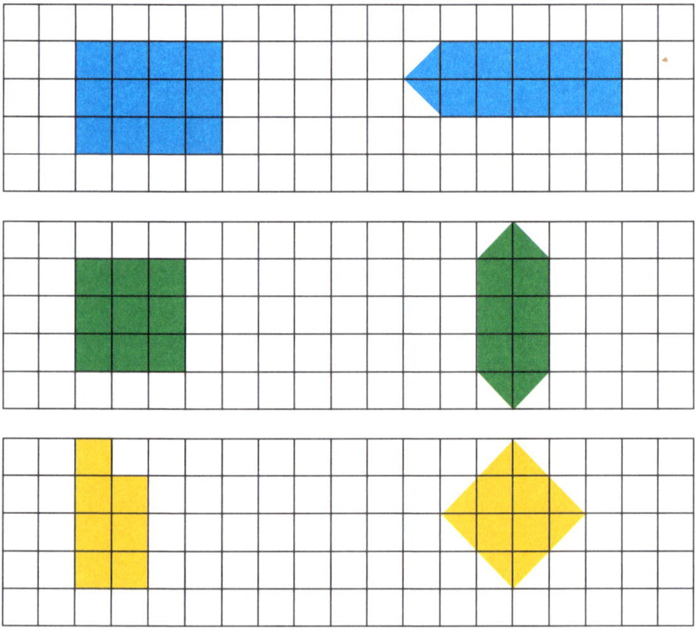

b) Aus wie vielen Würfeln besteht jede Figur?

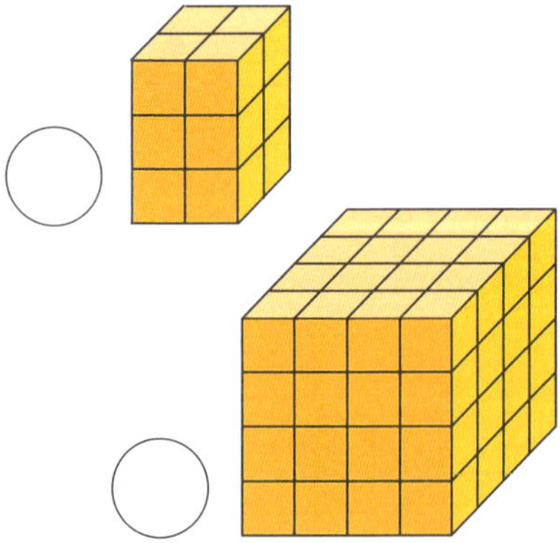

Besonders bei großen Mengenangaben, die miteinander verglichen werden sollen, ist es sinnvoll, ein Schaubild zu zeichnen. Das Schaubild macht es uns leichter, eine klare Vorstellung von großen Mengen zu bekommen. Außerdem gibt es uns Antwort auf viele Fragen.

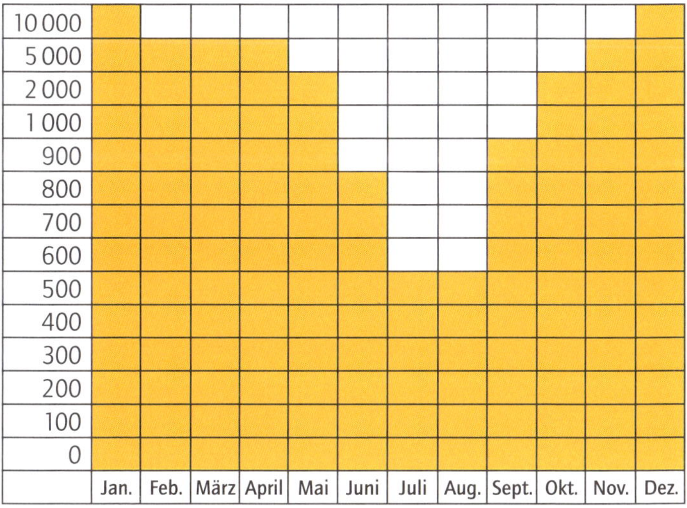

Hallenbad-Besucherzahlen eines Jahres

Finde nun die Antworten.

a) In welchen beiden Monaten gab es die meisten Besucher? ____________________

b) Wann kamen am wenigsten Besucher? ____________________

c) Welche Monate eignen sich besonders für Renovierungen? ____________________

d) Wann wäre der günstigste Zeitpunkt für den Urlaub des Bademeisters? ____________________

Sieh dir das Schaubild unten an und füge dann die fehlenden Angaben in den Text ein.

- Im Jahr 1900 betrug die Lebenserwartung bei männlichen Neugeborenen in Deutschland _____ Jahre, bei weiblichen betrug sie _____ Jahre.
- Jungen, die 1925 geboren wurden, hatten eine durchschnittliche Lebenserwartung von _____ Jahren.
- Wer im Jahr 1950 geboren wurde und männlich war, hatte die Aussicht, _____ Jahre lang zu leben.
- Die Lebenserwartung weiblicher Nachkommen im Jahr 1975: durchschnittlich _____ Jahre.
- Im Jahr 2000 galt eine Lebenserwartung bei männlichen Neugeborenen von _____ Jahren, bei weiblichen von _____ Jahren.

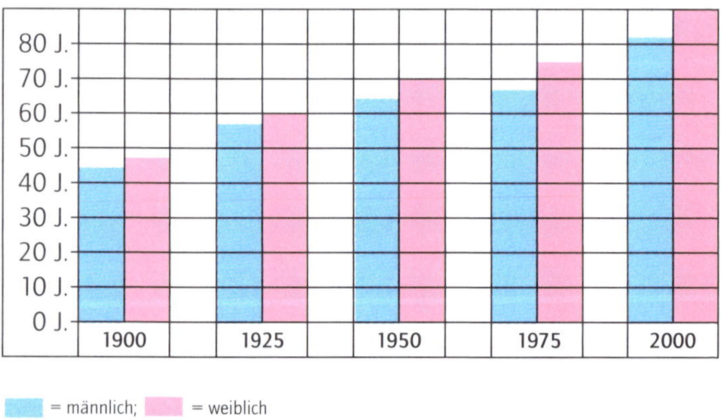

Lebenserwartung von Neugeborenen in Deutschland

Angaben aus:
Denken und Rechnen 4, Hessen; Westermann, Braunschweig 1998, S. 122

Erstelle ein Schaubild von Olafs Wochenplan.

6							
5							
4							
3							
2							
1							
Std.	Montag	Dienstag	Mittwoch	Donnerstag	Freitag	Samstag	Sonntag

- Montag: Schwimmen von 17 – 19 Uhr
- Dienstag: Fußballtraining von 16 – 17.30 Uhr
- Mittwoch: Nachhilfe von 15 – 16 Uhr und Gitarre von 16.30 – 17.30 Uhr
- Donnerstag: Fernsehen von 14 – 16 Uhr und Zeitungen austragen von 16.30 – 18.30 Uhr
- Freitag: Fußballtraining von 16 – 17.30 Uhr
- Samstag: Fußballspiel von 14 – 17 Uhr
- Sonntag: (keine regelmäßigen Termine)

Außerdem hat Olaf an jedem Schultag 60 Minuten für sein Hobby, den Modellbau, und 30 Minuten fürs Lesen von Jugendbüchern oder -zeitschriften eingeplant.

Wenn wir eine Zeichnung von Dingen anfertigen wollen, die zu klein oder zu groß sind, um sie auf dem Zeichenpapier darstellen zu können, müssen wir die Maße gleichmäßig verkleinern oder vergrößern.

Wir zeichnen dann im Maßstab.
Der Maßstab gibt an, wie groß der Unterschied zwischen Bild und Wirklichkeit ist.

Beispiel:	Maßstab	**1**	**:**	**1 000**
		eins	zu	tausend

Also: **1 cm** auf dem Bild entspricht
1 000 cm in der Wirklichkeit.

Wollen wir nun eine Entfernung von 1 km auf 1 cm verkleinern, müssen wir zuerst Kilometer in Zentimeter umwandeln:

1 km = 100 000 cm

1 cm im Bild entspricht dann 100 000 cm in Wirklichkeit:

1 cm = 100 000 cm

Der Maßstab heißt also:

1	:	100 000
eins	zu	hunderttausend

Merke: Je größer die Maßstabszahl, desto kleiner ist die Abbildung im Verhältnis zur Wirklichkeit.

Betrachte den Grundriss dieser Wohnung.
Wie groß sind die Räume in Wirklichkeit?
Trage ein.

Maßstab 1 : 100

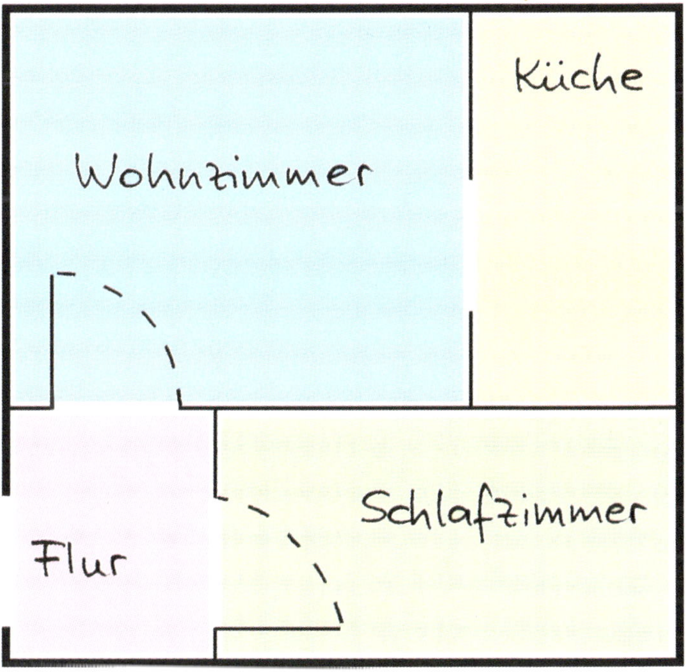

- Das Wohnzimmer hat eine Länge von ________ m
  und eine Breite von ________ m.
- Die Küche hat die Maße ________ m · ________ m.
- Das Schlafzimmer ist ________ m · ________ m groß.
- Der Flur ist ________ m · ________ m groß.

Die römischen Zahlen bestehen aus sieben Schriftzeichen, mit denen wir alle Mengen schreiben können.

Dies sind die sieben römischen Zahlzeichen:

I	=	1
V	=	5
X	=	10
L	=	50
C	=	100
D	=	500
M	=	1 000

Merke: Steht rechts neben einer römischen Ziffer eine kleinere oder gleich große Ziffer, so wird diese zu der größeren dazugezählt:

VII = 5 + 1 + 1 = 7

Merke: Steht links neben einer römischen Ziffer eine kleinere Ziffer, so wird sie abgezogen:

IV = 5 - 1 = 4

Die Zahlen von 1 bis 10:

I	1
II	2
III	3
IV	4
V	5
VI	6
VII	7
VIII	8
IX	9
X	10

Die Hunderterzahlen:

C	100
CC	200
CCC	300
CD	400
D	500
DC	600
DCC	700
DCCC	800
CM	900
M	1 000

Finde zu diesen Zahlen die jeweils passende römische Zahl. Male sie in der gleichen Farbe an.

1500	V	237	CII
220	MD	2413	DCCVI
12	LX	98	MLXX
34	CCXX	706	CCXXXVII
3	III	924	DLXVII
7	XV	102	MMCDXIII
610	XII	1070	CCCIV
60	DCX	567	CXI
5	VII	304	XCVIII
15	XXXIV	111	CMXXIV

8: 8 + 2 + 1 = 11, 7 + 3 + 1 = 11, 6 + 4 + 1 = 11,
7 + 3 + 3 = 13, 8 + 2 + 5 = 15, 9 + 1 + 7 = 17,
8 + 2 + 7 = 17, 7 + 3 + 2 = 12

9: 13, 16, 11, 11, 11, 14, 12, 15, 17

14: 17 - 7 - 1 = 9, 16 - 6 - 1 = 9, 15 - 5 - 1 = 9, 14 - 4 - 5 = 5,
13 - 3 - 5 = 5, 11 - 1 - 6 = 4, 17 - 7 - 2 = 8, 16 - 6 - 2 = 8

16: (Jeweils von oben nach unten:) 10, 20, 43, 18, 41, 38;
40, 30, 31, 46, 19, 25

18: 1, 100, 10, 10, 43, 98, 10, 32, 83, 9, 54 und 56

21: a) 5, 6, 8 b) 13, 14, 16

22: d) 12 = 2 · 6 = 6 · 2 = 3 · 4 = 4 · 3
16 = 2 · 8 = 8 · 2 = 4 · 4
18 = 2 · 9 = 9 · 2 = 3 · 6 = 6 · 3
20 = 2 · 10 = 10 · 2 = 4 · 5 = 5 · 4
24 = 3 · 8 = 8 · 3 = 4 · 6 = 6 · 4
36 = 4 · 9 = 9 · 4 = 6 · 6 48 = 6 · 8 = 8 · 6
54 = 6 · 9 = 9 · 6 56 = 7 · 8 = 8 · 7
e) 10 · 1 = 10 / 1 · 10 = 10

23: 365 · 7 = 2555 (5 · 7 = 35, 60 · 7 = 420, 300 · 7 = 2100)
511 · 9 = 4599 (1 · 9 = 9, 10 · 9 = 90, 500 · 9 = 4500)
498 · 6 = 2988 (8 · 6 = 48, 90 · 6 = 540, 400 · 6 = 2400)
655 · 8 = 5240 (5 · 8 = 40, 50 · 8 = 400, 600 · 8 = 4800)

25: 5 · 6 = 30 ↔ 30 : 6 = 5 7 · 7 = 49 ↔ 49 : 7 = 7
7 · 5 = 35 ↔ 35 : 5 = 7 3 · 8 = 24 ↔ 24 : 8 = 3
9 · 6 = 54 ↔ 54 : 6 = 9 72 : 8 = 9 ↔ 9 · 8 = 72
48 : 6 = 8 ↔ 8 · 6 = 48 36 : 4 = 9 ↔ 9 · 4 = 36
24 : 3 = 8 ↔ 8 · 3 = 24 81 : 9 = 9 ↔ 9 · 9 = 81

26: 14, 19, 13, 12, 13

29: a) 50 € > 70 ct, 10 ct < 1 €, 43 € > 34 ct, 2 ct < 2 €,
30 € > 100 ct, 58 ct < 5 €; 25 € > 35 ct, 5 ct < 50 ct,
21 € > 17 €, 1 ct < 1 €, 15 € > 50 ct, 29 € > 3 ct
b) 2, 10, 20

31: 100, 200, 300, 400, 500, 600, 700, 800, 900, 1 000;
a) 500, b) 200, c) 800, d) 700, e) 600, f) 900, g) 1 000,
h) 400, i) 100, j) 300; der Lösungssatz lautet: DU BIST FIT!

33: a) 669, b) 696, c) 966, d) 888, e) 909, f) 870, g) 119

34: 111, 209, 396, 473, 485, 500, 666, 704, 749, 801, 920

36: Es fehlen 30 €.

39:

3 Quadrate
8 Rechtecke
0 Dreiecke
0 Kreise

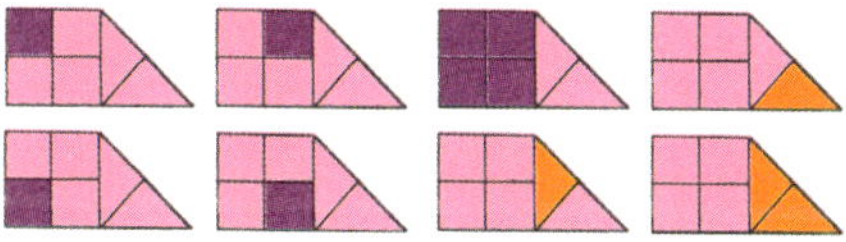

5 Quadrate
0 Rechtecke
3 Dreiecke
0 Kreise

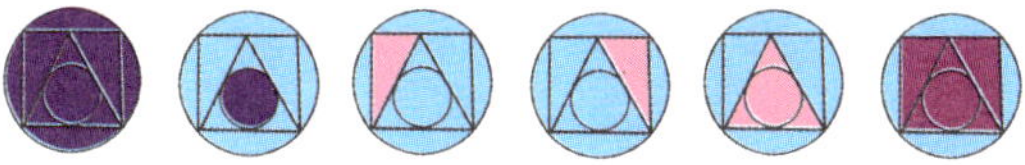

1 Quadrat
0 Rechtecke
3 Dreiecke
2 Kreise

1 Quadrat
1 Rechteck
4 Dreiecke
1 Kreis

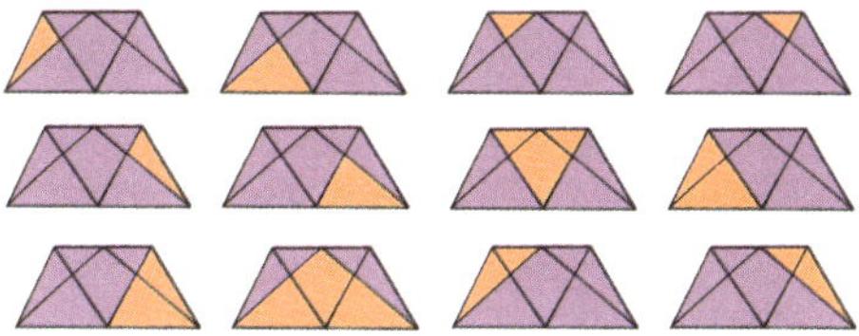

0 Quadrate
0 Rechtecke
12 Dreiecke
0 Kreise

41:

43: a) Zwanzig vor drei, Viertel vor zwölf

b)

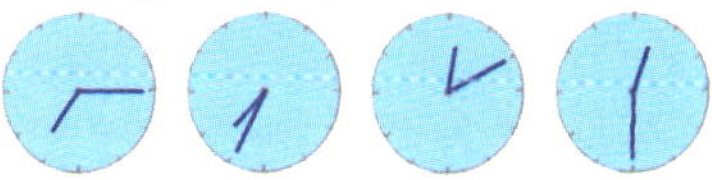

c) 7.41 Uhr

46: Ein Jahr hat 12 Monate. Ein Monat hat rund 4 Wochen.
Eine Woche hat 7 Tage. Ein Tag hat 24 Stunden.
Eine Stunde hat 60 Minuten. Eine Minute hat 60 Sekunden.

47: a) 1.1. + 31.1., 1.2. + 28.2. oder 29.2., 1.3. + 31.3., 1.4. + 30.4., 1.5. + 31.5., 1.6. + 30.6., 1.7. + 31.7., 1.8. + 31.8., 1.9. + 30.9., 1.10. + 31.10., 1.11. + 30.11., 1.12. + 31.12. = 24 Arbeitstage
b) 17.9. c) 1.4.

49: Wie viele Stufen muss Petra bis zu ihrer Wohnung hinaufsteigen? $7 \cdot 4 = 28$ Petra muss 28 Stufen hinaufsteigen.

50: a) Wie alt ist Patrick? b) Was kostet ein Paar Socken?
c) Wie viele Tage muss Lukas noch in seine alte Schule gehen?
d) Was kostet ein Friseurbesuch?

51: a) $5 \cdot 50$ km = 250 km; er kann 250 km fahren.
b) 1000 – 485 – 385 = 130; die dritte Zahl heißt 130.
c) Pro Tag: $3 \cdot 5 = 15$; pro Woche: $15 \cdot 7 = 105$;
Sina hat nach einer Woche 105 Kerne.

53: Oben: 6, 3, 5; unten: 2, 1, 4

54: Der Kreis hat unendlich viele Spiegelachsen, die alle durch den Kreismittelpunkt gehen.

55: 750, 310, 570; 800, 4700, 900; 5000, 2000, 8000

56: 230 € → 200 €, 420 € → 400 €, 370 € → 400 €,
420 € → 400 €, 530 € → 500 €, 690 € → 700 €,
710 € → 700 €, 820 € → 800 €, 970 € → 1 000 €

58: 340 + 40 = 380 ✓, 580 + 90 = 670 f, 500 + 90 = 590 f,

210 + 40 = 250 ✓, 670 + 50 = 720 f, 870 + 40 = 910 ✓, 770 + 70 = 840 ✓

60: a) $\frac{1}{2}$, b) $\frac{2}{4}$, c) $\frac{1}{2}$, d) $\frac{1}{2}$, e) $\frac{3}{4}$, f) $\frac{2}{4}$

61: 0,500 l = $\frac{1}{2}$ l = 500 ml
1,250 l = $1\frac{1}{4}$ l = 1250 ml
4 l = 4 000 ml
0,125 l = $\frac{1}{8}$ l = 125 ml
3,250 l = $3\frac{1}{4}$ l = 3 250 ml
2,750 l = $2\frac{3}{4}$ l = 2 750 ml
2,125 l = $2\frac{1}{8}$ l = 2 125 ml
0,750 l = $\frac{3}{4}$ l = 750 ml
5,125 l = $5\frac{1}{8}$ l = 5 125 ml

62: a) 4 400 ml, b) 1 000 ml, c) 400 ml, d) 1,5 l, e) 250 ml, f) 4,6 l, g) $\frac{1}{4}$ l, h) 0,2 l, i) 50 ml, j) 6,3 l

63: 4 630 g = 4 kg 630 g, 5 001 g = 5 kg 1 g, 7 315 g = 7 kg 315 g, 888 g = 0 kg 888 g, 12 g = 0 kg 12 g, 2 222 g = 2 kg 222 g, 3 988 g = 3 kg 988 g, 4 000 g = 4 kg 0 g

65: a) $=, <, >, >$ b) $=, <, >, <$ c) $>, >, =, >$

67: 0,900 kg (= 0,9 kg), 0,020 kg (= 0,02 kg), 0,002 kg, 4,037 kg; 0,01 €, 0,21 €, 3,03 €, 12,50 €; 0,259 l, 0,007 l, 3,894 l, 0,081 l; 2,467 km, 0,16 m, 0,102 m, 0,003 km

68: 4 010 g, 0,075 kg, 380 g, 2,256 kg; 25,03 €, 7,50 €, 122,15 €, 0,02 €; 8 510 ml, 750 ml, 1 500 ml, 3 030 ml; 1 250 m, 0,055 km, 0,12 m, 3,456 m

69: a) + 34 Min., b) + 47 Min., c) 59 Min.
d) + 500 g (= 0,5 kg), e) + 72 kg, f) + 320 g
g) + 22 cm, h) + 1,5 km, i) + 10 mm (=1 cm)
j) + 62 l, k) $\frac{3}{4}$ l, l) + 250 ml

71:

434 300	378 980	298 050
+ 7 220	+ 21 098	+ 23 544
+ 19 588	+ 34 501	+ 1 289
2 1 1	1 1 1 1	1 1 1 1
461 108	434 579	322 883

52,50 €	325,00 €	1 290,00 €
+ 69,98 €	+ 759,00 €	+ 4 277,00 €
+ 99,00 €	+ 880,00 €	+ 2 976,00 €
2 1	1 1	1 2 1
221,48 €	1 964,00 €	8 543,00 €

74: 26 000, 46 000, 81 500, 86 750, 8 220, 24 510

76: ① 1 866, ② 550, ③ 3 680, ④ 6 294, ⑤ 8 694, ⑥ 9 090, ⑦ 210 000, ⑧ 160 000, ⑨ 140 000, ⑩ 188 370, ⑪ 163 584, ⑫ 197 769; Lösungswort: SOMMERFERIEN

78: a) durch 3: 527 031, 290 520; durch 5: 769 435, 450 975, 321 760; durch 8: 740 864, 520 472
b) 47 130, 119 074, 47 130, 17 260; c) 14,10 €, 152,20 €

80: a) 450 000 €, b) 10 · 8 000 € = 80 000 €,
c) 140 000 € : 2 = 70 000 €, d) 35 000 € · 3 = 105 000 €

81: e) 3 · 12 (Monate) = 36 (Monate) / 36 · 6 000 € = 216 000 €
f) 35 000 € · 2 = 70 000 €,
g) 24 (Monate) · 200 € = 4 800 € / 216 000 € + 4 800 € = 220 800 €, i) 450 000 € + 80 000 € = 530 000 €,
j) 1 000 000 € – 450 000 € – 80 000 € – 140 000 € – 105 000 € – 216 000 € = 9 000 €

82: 336 590, 355 909, 526 470, 635 427; 98 792, 101 723, 200 999, 827 311; 412 743, 630 987, 770 200, 1 000 000; 42 239, 240 623, 340 788, 548 932

83: a) Ku, b) Wü, c) Py, d) Ke, e) Qu, f) Zy

84: a) 1. Bild: linke Figur, 2. Bild: linke Figur, 3. Bild: rechte Figur
b) links: 64 Würfel, rechts: 12 Würfel

85: a) Jan., Dez.; b) Juli, Aug.; c) Juli, Aug.; d) Juli, Aug.

86: 45 J., 48 J.; 58 J.; 65 J.; 75 J.; 82 J., 90 J.

87:

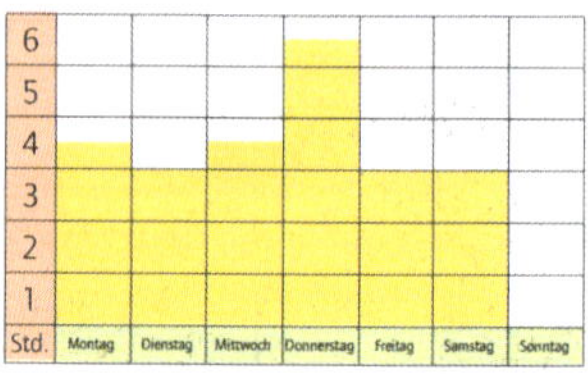

89: Wohnzimmer: 6,3 m · 5,2 m; Küche: 5,2 m · 2,8 m; Schlafzimmer: 6,3 · 3,3 m; Flur: 3,3 m · 2,8 m

91:

1500 – MD	220 – CCXX	12 – XII	34 – XXXIV
3 – III	7 – VII	610 – DCX	60 – LX
5 – V	15 – XV	237 – CCXXXVII	2413 – MMCDXI
98 – XCVIII	706 – DCCVI	924 – CMXXIV	102 – CII
1070 – MLXX	567 – DLXVII	304 – CCCIV	111 – CXI